茶器珍赏

闻香识好茶之

慢生活工坊/编著

浙江摄影出版社

责任编辑：林青松
装帧设计：慢生活工坊
责任校对：高余朵
责任印制：朱圣学

图书在版编目（C I P）数据

茶器珍赏 / 慢生活工坊编著. — 杭州 ：浙江摄影出版社，2015.1
（闻香识好茶）
ISBN 978-7-5514-0891-2

Ⅰ. ①茶… Ⅱ. ①慢… Ⅲ. ①茶具－鉴赏－中国 Ⅳ. ①TS972.23

中国版本图书馆CIP数据核字(2014)第309448号

闻香识好茶：茶器珍赏

慢生活工坊　编著

全国百佳图书出版单位
浙江摄影出版社出版发行
　　地址：杭州市体育场路347号
　　邮编：310006
　　网址：www.photo.zjcb.com
经销：全国新华书店
制版：杭州真凯文化艺术有限公司
印刷：浙江海虹彩色印务有限公司
开本：710×1000　1/16
印张：10
2015年1月第1版　2015年1月第1次印刷
ISBN 978-7-5514-0891-2
定价：36.00元

前言

PREFACE

“茶亦醉人何必酒，书能香我无须花。”茶作为国饮，越来越受到消费者的喜爱。随着生活品质的提高，对于茶的需求不再是口腹之欲，而是上升到精神层面的需求，茶文化图书能够很好地满足消费者这一需求，通过有力的文字为消费者充电。

“闻香识好茶”系列图书，用专业的文字和精美的图片让读者知茶、爱茶，同时还意在弘扬中国茶文化，让读者更牢固地掌握习茶这项中华传统艺术。

茶器也称茶具，泛指制茶、饮茶时所使用的各种专门器具。《闻香识好茶：茶器珍赏》一书，对茶具的起源、发展及种类等皆做了详尽的阐述。其中涵盖了中国古代茶具、现代茶具、国外茶具、少数民族茶具以及茶具的分类、组成、选购、使用及养护等多方面的知识。

器为茶之父，茶具作为茶文化的重要载体，在古今中外的饮茶史中都备受关注。饮茶不是单纯的品茶味，而是在茶具与茶的结合中，寻找一种曼妙自然的精神享受。

慢生活工坊

目录

CONTENTS

第一章 古代茶具的发展

早期茶具 2

新石器时代茶具 2
商周时期茶具 2
汉代茶具 2

唐代茶具 3

唐代茶具的发展 3
唐代茶具的特点 3
陆羽与《茶经》 4

宋代茶具 14

宋代茶具的发展 14
宋代茶具的特点 14
蔡襄与《茶录》 15
赵佶与《大观茶论》 16
审安老人与《茶具图赞》 17

明代茶具 21

明代茶具的发展 21
明代茶具的特点 21

清代茶具 22

清代茶具的特点 22

第二章 现代茶具的分类

玻璃茶具 24

玻璃茶具的发展 24
玻璃茶具的特点 24
玻璃茶具的选购 25
玻璃茶具的养护 25

瓷器茶具 26

瓷器茶具的发展 26
瓷器茶具的特点 26
瓷器茶具的选购 26
瓷器茶具的养护 27
瓷器茶具的分类 28
瓷器茶具之五大名窑 30
我国主要的瓷器生产地 31

紫砂茶具 33

紫砂茶具的发展 33
紫砂茶具的特点 33
紫砂茶具的选购 34
紫砂茶具的养护 34
紫砂壶的起源与发展 35
紫砂壶的泥料 36
紫砂壶的分类 36
紫砂壶为何深受喜爱 39
紫砂壶的鉴别方法 39
紫砂壶的赏鉴 40

金属茶具 42

金属茶具的发展 42
金属茶具的特点 43
金属茶具的分类 43
瓷器茶具的选购 44
金属茶具的赏鉴 45
金属茶具的养护 45

漆器茶具 46
漆器茶具的发展 46
漆器茶具的特点 47
漆器茶具的选购 47
漆器茶具的养护 48

竹木茶具 49
竹木茶具的发展 49
竹木茶具的特点 49
竹木茶具的选购 50
竹木茶具的养护 50

其他茶具 51
搪瓷茶具 51
其他材质的茶具 52

第三章
名家名具

金沙寺僧 54
供春 55
陈仲美 56
陈用卿 57
董翰 58
赵梁 59
李养心 60
时大彬 61
李仲芳 63
徐友泉 64
欧正春 66
元畅 66
沈君用 67
沈子澈 68
惠孟臣 69
陈鸣远 70
惠逸公 72
陈曼生 73
邵大亨 78
黄玉麟 78
华凤翔 79
邵二泉 79
杨彭年 80
杨宝年 81
杨凤年 81
蒋万泉 82
冯彩霞 82
程寿珍 83
冯桂林 84

第四章
国外茶具与少数民族茶具

欧美茶具 86
欧美茶具的起源 86
欧美茶具的发展 86
有关欧美茶具的记载 87
欧美茶具的特点 88

日韩茶具 89
朝鲜半岛茶具的发展 89
朝鲜半岛的饮茶用具 89
日本茶道具的起源 90
日本茶道具的发展 90
日本茶道具的种类 91
日本茶道具中的茶碗 94
日本茶道具的特点 95
日本的煎茶道 96
日本的抹茶道 98
日本的茶道礼仪 100

少数民族茶具 101
少数民族茶具的发展 101
少数民族茶具的特点 101
少数民族茶具的种类 102
不同民族的茶与茶具 103

第五章
茶具的组成

主茶具 110

茶壶 110
茶碗 114
茶杯 115
公道杯 118
茶海 118
闻香杯 122
盖碗 122

辅助茶具 125

煮水壶 125
茶叶罐 126
杯托 128
茶荷 128
盖置 129
水盂 129
滤网和滤网架 130
茶巾和茶巾盘 130
奉茶盘 130
杯垫 130

备水器 131

随手泡 131
水盂 131
水注 131
水方 131

备茶器 132

备茶器的发展 132
备茶器的种类 132

第六章
茶具的使用

茶具的正确操作 134

持壶 134
持杯 134
茶艺六君子 135

茶具泡茶 137

玻璃茶具泡茶 138
瓷器茶具泡茶 142
紫砂茶具泡茶 148
金属茶具泡茶 153

第一章

古代茶具的发展

早期茶具

茶具也称茶器、茶器具。最初没有专用的茶具，食具、酒具等皆被用来饮茶。后来，随着茶的主要作用的演变和人们饮茶习惯的变化，专用饮茶器具也随之产生。

新石器时代茶具

新石器时代的生产力水平低下，人们的主要用具为磨制石器。后来，虽然能够烧制出比较简单的陶器，但由于技术水平的限制，烧制的陶器数量有限。因此，在当时人们的日常生活中，一件物品必须要有多种用途，不可能仅用来做一件事情。所以在那时，还没有出现供饮茶用的专门茶具。

商周时期茶具

商周时期是青铜器发展最鼎盛的时期，那时已经能够烧制各种考究的青铜器具，一些达官贵人已使用专门的酒杯饮酒，但关于茶的历史记载有限。仅在晋·常璩《华阳国志·巴志》中记载，武王伐纣时，有小国将茶作为珍品进献给周武王，还记载西周时已经有了人工栽培的茶园。但由于当时的人们对茶的认识不多，因此也不可能出现专门的饮茶用具。

汉代茶具

关于茶具的形成，其雏形可以追溯到汉代，在一些文人的作品中能找到关于“茶”的印记。特别是西汉文学家王褒在《僮约》中提到的“烹茶尽具，酺已盖藏”之说，一直被认为是我国最早的关于茶具的史料。1990 年，浙江上虞出土了一批东汉时期（公元 25—220 年）的碗、杯、壶、盏等器具，在一个青瓷储茶瓮底座上有“茶”字，考古学家认为这是世界上最早的茶具。而最早的明确表明有茶具意义的文字记载，则是西晋左思的《娇女诗》中的“止为茶荈据，吹嘘对鼎之”，这里的“鼎”当属茶具。

这些史料足以说明，在汉代以后唐代以前，尽管已经有出土的专用茶具，但食具和茶具、酒具等饮具之间，并没有严格的区分，在很长一段时间内皆是混用的。陆羽在《茶经》曾引述西晋八王之乱时，晋惠帝司马衷蒙难，从河南许昌回洛阳，侍从“持瓦盂承茶”敬奉之事。

唐代茶具

中国的饮茶之风兴于唐代，人们对茶叶的消费大大增加，茶具在过去的基础上也有了长足的发展。这一时期已经出现了越瓷等经典瓷器和金、银、铜、锡等金属茶具。

唐代茶具的发展

唐代是我国历史上的一个盛世，社会稳定，经济繁荣，人们的生活和文化水平显著提高，茶业也因此兴盛。茶叶消费的增加推动了茶具的长足发展，人们饮茶不再单纯地追求解渴等表面功能，已经达到了“品饮”的高度。

而茶具作为品茶的载体，也越来越被人们看重。这一时期不仅生产了大量瓷器茶具，还出现了金属茶具和琉璃茶具。唐代陆羽的《茶经》中，共记载了二十八件茶具，包括煮茶、饮茶和贮茶用具等，增加了人们对茶具的了解。

唐代茶壶

唐代茶具的特点

一、以瓷器茶具为主。唐代茶业经济的繁荣和技术水平的进步，推动了陶瓷产业的迅速发展。以南方生产青瓷的越窑和北方生产白瓷的邢窑为代表的大量窑场，如雨后春笋般出现在全国各地。这些窑场出产的瓷器种类多、外形美、成本低，是当时最常用的茶具。

二、昂贵的金属茶具。唐代的金银器制作工艺已经达到了很高的水平，出产的器具质量考究，质地精美，图案丰富。但由于价格较高，只有贵族才能使用。1987 年在陕西省扶风县法门寺地宫出土的镏金银茶具，足以说明唐代宫廷饮茶的风貌。

三、奢侈的琉璃茶具。唐代还出现了极为奢侈的琉璃茶具。陕西省扶风县法门寺地宫出土的由唐僖宗供奉的素面圈足淡黄色琉璃茶盏和琉璃茶托，是最好的证明。虽然那时的琉璃茶具透明度很低，质地较浑，造型和装饰也很简单，但代表了当时最先进的生产水平。

陆羽与《茶经》

说到唐代茶具的发展和特点，我们不能不提的是陆羽及其茶学专著《茶经》。《茶经》是中国乃至世界现存最早、最完整、最全面介绍茶的第一部专著。

陆羽，唐代著名的茶学专家，有“茶圣”之称。有关陆羽身世的说法很多，比较可信的是他在二十九岁时为自己写的《陆文学自传》，他在自传中写道：“字鸿渐，不知何许人，有仲宣、孟阳之貌陋；相如、子云之口吃。”

陆羽像

陆羽从二十四岁开始在全国各地走访茶区，学习茶农们的经验和方法。公元 760 年，为躲避安史之乱，陆羽隐居湖州并开始了他的著述工作。经过数十载的创作，公元 780 年左右，陆羽在朋友的帮助下，完成了《茶经》的著述。

《茶经》详细介绍了茶叶生产的历史、源流、现状、生产技术以及饮茶技艺和茶具等多方面的知识，被誉为“茶叶百科全书”。全书的主要内容有：一之源；二之具；三之造；四之器；五之煮；六之饮；七之事；八之出；九之略；十之图。其中的“二之具”和“四之器”记载的就是关于制茶、泡茶、饮茶用具等方面的知识。虽然全书仅有七千多字，但这是关于茶叶知识最早、最优秀的经典之作。茶经中的茶具有以下几个特点：

其一，材料廉价，制作方便。陆羽所描述的二十八件器具，除了风炉、灰承、炭树、镬等少量几件器具需用铜、铁等烧制而成外，其余器具皆用竹子、树木、纸等手工制作而成，流程简单，易于操作。

其二，外形简单，注重实用。陆羽记载的器具中，风炉造型最为复杂，装饰也最为精美。而其他器具的外形皆较为简单，没有过分地追求外形的典雅与美丽，注重的是其坚实、持久的实用性。

其三，器具齐全，搭配合理。碾茶饼、筛茶粉、拂茶粉、装茶粉、煎煮茶，品茶的器具无一不有。还有盛水砸炭的器具、煮茶过程中放置配料的器具及贮放全部茶具的器具等。另外，还专门设计了盛放风炉的筥和承放镬的交床，各种器具搭配得很合理。

《茶经》中所记载的茶具共有二十八种，并对各种器具的外形、制作方法及用途等进行了详细的叙述，现全部摘录如下：

风炉（灰承）：风炉，以铜铁铸之，如古鼎形，厚三分，缘阔九分，令六分虚中，致其圬墁。凡三足，古文书二十一字。一足云“坎上巽下离于中”，一足云“体均五行去百疾”，一足云“圣唐灭胡明年铸”。其三足之间，设三窗，底一窗以为通飚漏烬之所，上并古文书六字：一窗之上书“伊公”二字，一窗之上书“羹陆”二字，一窗之上书“氏茶”二字，所谓“伊公羹，陆氏茶”也。置墆埭于其内，设三格：其一格有翟焉，翟者，火禽也，画一卦曰离；其一格有彪焉，彪者，风兽也，画一卦曰巽；其一格有鱼焉，鱼者，水虫也，画一卦曰坎。巽主风，离主火，坎主水。风能兴火，火能熟水，故备其三卦焉。其饰，以连葩、垂蔓、曲水、方文之类。其炉，或锻铁为之，或运泥为之，其灰承，作三足，铁柈抬之。

筥：筥，以竹织之，高一尺二寸，径阔七寸，或用藤，作木楦，如筥形，织之。六出圆眼，其底盖若利箧口，铄之。

唐代风炉样式

炭檛：炭檛，以铁六棱制之，长一尺，锐上丰中，执细头系一小辗，以饰檛也。若今之河陇军人木吾也。或作锤，或作斧，随其便也。

火筴：火筴一名箸，若常用者，圆直一尺三寸，顶平截，无葱台勾锁之属，以铁或熟铜制之。

鍑：鍑，以生铁为之，今人有业冶者，所谓急铁。其铁以耕刀之趄，炼而铸之。内摸土，而外摸沙。土滑于内，易其摩涤；沙涩于外，吸其炎焰。方其耳，以正令也。广其缘，以务远也。长其脐，以守中也。脐长，则沸中；沸中，则末易扬；末易扬，则其味淳也。洪州以瓷为之，莱州以石为之。瓷与石皆雅器也，性非坚实，难可持久。用银为之，至洁，但涉于侈丽。雅则雅矣，洁亦洁矣，若用之恒，而卒归于银也。

交床：交床，以十字交之，剜中令虚，以支鍑也。

夹：夹，以小青竹为之，长一尺二寸。令一寸有节，节已上剖之，以炙茶也。彼竹之筱，津润于火，假其香洁以益茶味，恐非林谷间莫之致。或用精铁、熟铜之类，取其久也。

纸囊：纸囊，以剡藤纸白厚者夹缝之。以贮所炙茶，使不泄其香也。

碾（拂末）：碾，以橘木为之，次以梨、桑、桐、柘为之，内圆而外方。内圆备于运行也，外方制其倾危也。内容堕而外无余。木堕，形如车轮，不辐而轴焉。长九寸，阔一寸七分，堕径三寸八分，中厚一寸，边厚半寸，轴中方而执圆，其拂末，以鸟羽制之。

罗合：罗末，以合盖贮之，以则置合中，用巨竹剖而屈之，以纱绢衣之。其合以竹节为之，或屈杉以漆之。高三寸，盖一寸，底二寸，口径四寸。

则：则，以海贝、蛎蛤之属，或以铜、铁、竹、匕、策之类。则者，量也，准也，度也。凡煮水一升，用末方寸匕。若好薄者，减之；嗜浓者，增之，故云则也。

水方：水方，以椆木、槐、楸、梓等合之，其里并外缝漆之，受一斗。

漉水囊：漉水囊，若常用者，其格，以生铜铸之，以备水湿，无有苔秽腥涩意。以熟铜苔秽，铁腥涩也。林栖谷隐者，或用之竹木。木与竹非持久涉远之具，故用之生铜。其囊，织青竹以卷之，裁碧缣以缝之，纽翠钿以缀之，又作绿油囊以贮之，圆径五寸，柄一寸五分。

瓢：瓢，一曰牺杓，剖瓠为之，或刊木为之。晋舍人杜育《荈赋》云："酌之以匏。"匏，瓢也，口阔，胫薄，柄短。永嘉中，余姚人虞洪入瀑布山采茗，遇一道士云："吾丹丘子，祈子他日瓯牺之余，乞相遗也。"牺，木勺也，今常用以梨木为之。

竹筴：竹筴，或以桃、柳、蒲、葵木为之，或以柿心木为之。长一尺，银裹两头。

鹾簋（揭）：鹾簋，以瓷为之，圆径四寸。若合形，或瓶、或罍，贮盐花也。其揭，竹制，长四寸一分，阔九分。揭，策也。

熟盂：熟盂，以贮熟水。或瓷，或沙，受二升。

碗：碗，越州上，鼎州、婺州次，岳州上，寿州、洪州次。或者以邢州处越州上，殊为不然。若邢瓷类银，越瓷类玉，邢不如越一也；若邢瓷类雪，则越瓷类冰，邢不如越二也；邢瓷白而茶色丹，越瓷青而茶色绿，邢不如越三也。晋·杜育《荈赋》所谓"器择陶拣，出自东瓯"。瓯，越也。瓯，越州上，口唇不卷，底卷而浅，受半升已下。越州瓷、岳瓷皆青，青则益茶，茶作白红之色。邢州瓷白，茶色红；寿州瓷黄，茶色紫；洪州瓷褐，茶色黑：悉不宜茶。

畚：畚，以白蒲卷而编之，可贮碗十枚。或用筥，其纸帊，以剡纸夹缝，令方，亦十之也。

札：札，缉栟榈皮，以茱萸木夹而缚之；或截竹束而管之，若巨笔形。

涤方：涤方，以贮涤洗之余，用楸木合之，制如水方，受八升。

滓方：滓方，以集诸滓，制如涤方，处五升。

越窑茶碗样式

巾： 巾，以絁布为之，长二尺。作二枚，互用之，以洁诸器。

具列： 具列，或作床，或作架，或纯木、纯竹而制之。或木法竹，黄黑可扃而漆者，长三尺，阔二尺，高六寸。具列者，悉敛诸器物，悉以陈列也。

都篮： 都篮，以悉设诸器而名之。以竹篾内作三角方眼，外以双篾阔者经之，以单篾纤者缚之，递压双经作方眼，使玲珑。高一尺五寸，底阔一尺，高二寸，长二尺四寸，阔二尺。

陆羽在《茶经》中关于二十八种器具的介绍，对我们认识唐代茶具乃至整个古代茶具，都有很深远的影响。为了使读者能够更详细透彻地了解陆羽所记载的二十八种茶具，下面将通过图文并茂的方式，对茶具进行解说介绍。

揭

揭是一种用竹制成的取盐用的器具，可以直接将竹劈成两半后制成，约长四寸一分，宽九分。

札

札是一种用茱萸木夹上棕榈皮捆紧或用一段竹子扎上棕榈纤维制成的清洁器物，很像现在使用的刷子。

巾

巾是一种用粗绸子制作而成的用来清洁其他茶具的器具。每条长二尺，多做两块交替使用，以方便清洗。

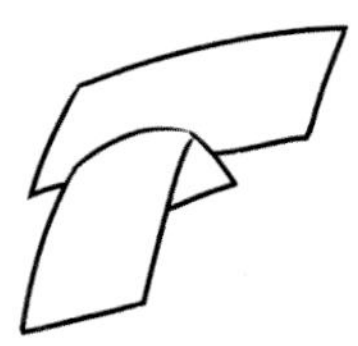

熟盂

熟盂是一种用瓷器或陶器制作的用来盛开水的器具，可容纳约二升水。熟盂贮放的是第二沸水，以备“止沸育花”。

滓方

滓方是一种用楸木等制成的用来盛各种茶渣的器具，制作方法和涤方相似，其容积在五升左右。

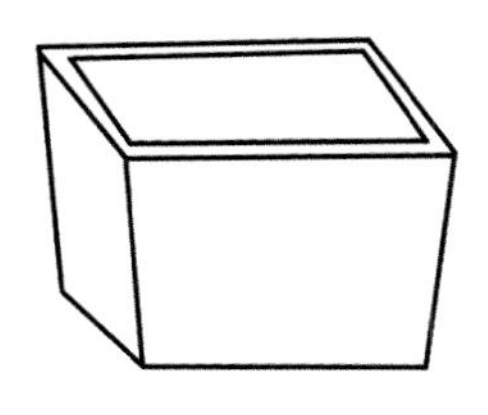

风炉

风炉多用铜和铁制造而成，样子酷似古时候的鼎，造型复杂，用来煎、煮茶。炉的下方有三只脚，每只脚上铸有不同的文字。炉底下一个洞用来通风漏灰。炉上设置有支撑锅子用的垛，其间分三格，每一格上都有不同造型的装饰，代表不同的卦象，三者环环相扣、相辅相成。炉身用花卉、流水、方形花纹等图案来装饰。

筥

筥，多用竹子编制成，约高一尺二寸，直径七寸，其大小必须与所需要盛放的风炉相当。筥的底和盖像箱子的口，需要削光滑，如果有竹刺或尖留在上面，在放置风炉时，容易碰触到，不利于风炉的摆放甚至刮伤风炉。也有的先做个像筥形的木箱，再用藤子编在外面，有留出的圆眼。

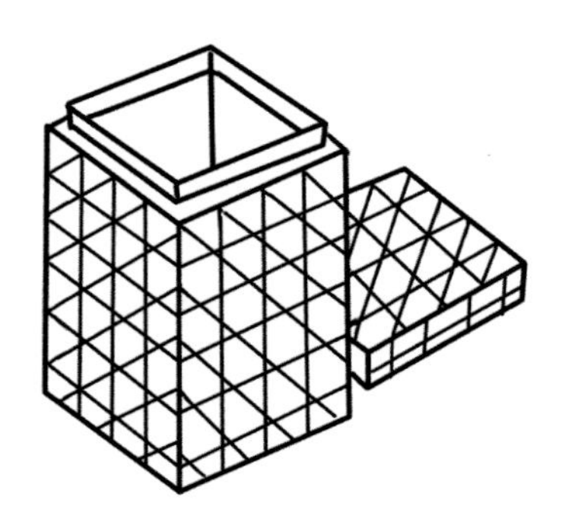

灰承

灰承是一种用来盛放风炉中炉灰的器具，多用铁烧制而成，外形酷似一只盘子，底部设计有三只矮小的脚作为支撑，并且可以在使用过程中托住炉子，以便于将炉子中的炉灰放入灰承之中。灰承可以说是作为风炉的辅助物才出现的，如果没有风炉，人们也不会设计这样一个用来盛放炉灰的器具。

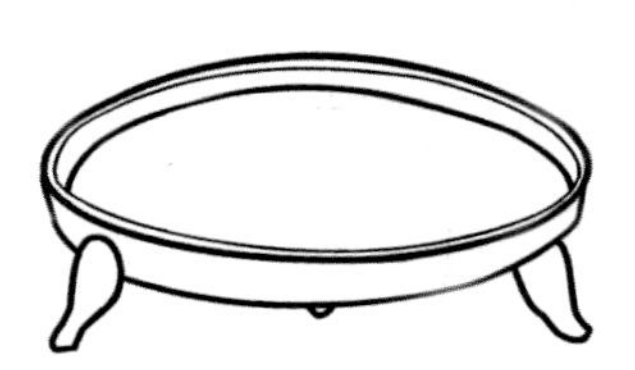

火筴

火筴是一种用来夹炭杻敲碎的炭放入风炉的工具，又叫箸，用铁或熟铜制成。火筴外形呈圆直形，长一尺三寸，顶端平齐，上面还镌刻有造型各异的装饰物，类似于现在多使用的火钳。但与现在的火钳不同，火筴由两个圆直形的部分组合而成，而现在的火钳一端是固定在一起的。

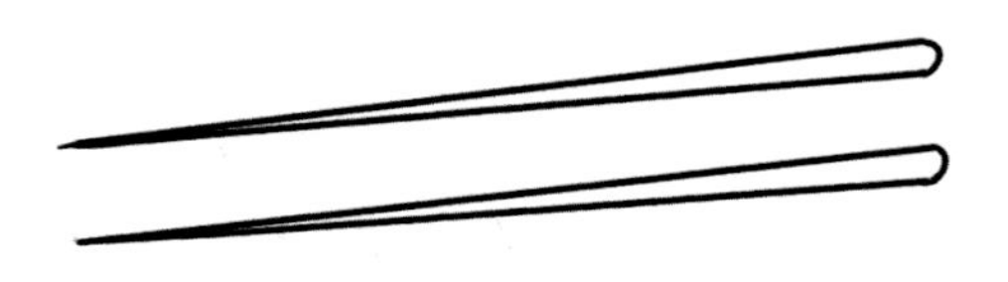

鍑

鍑是又一重要的煎、煮茶用具，即大口釜，多用生铁制成，也有少量的使用银、石、瓷等材质制作。在铸锅时，内面抹上泥，锅面光滑，容易磨洗；外面抹上沙，锅底粗糙，容易吸热。锅耳呈方形且很端正，锅边比较宽，很容易伸展。锅脐很长，可以使水就在锅中心沸腾，水沫易于上升，由此烧出来的水味就醇美。

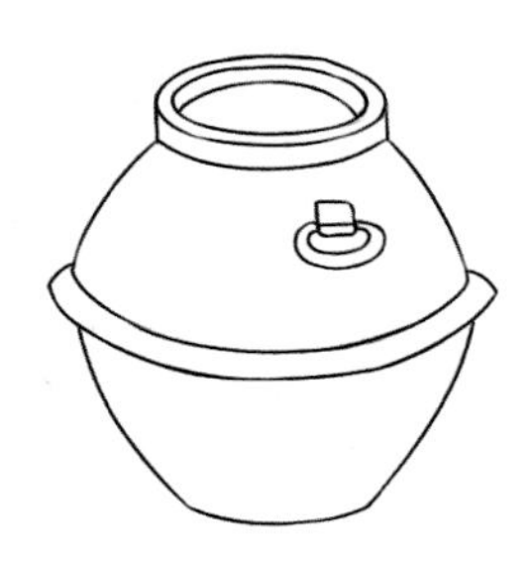

交床

交床的制作过程并不复杂。只需准备一块较大的木板，然后制作两个十字交叉的木架，把十字交叉的木架固定在木板上，作为木板的支撑。最后在木板的正中间挖一个凹下去的洞（也可以将木板彻底挖通），用来支撑鍑。凹下去的洞的大小要与鍑的大小相当，以便于鍑的放取。

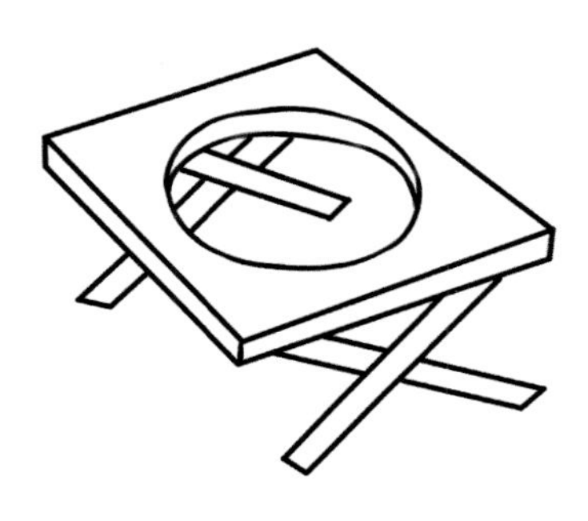

夹

夹大多用小青竹制作，因为竹与火接触会产生清香味，有益于茶味。夹约长一尺二寸，一头处有节，节以上剖开，用来夹着茶饼在火上烤。当时如果不在山林间炙茶，很难得到这种小青竹。因此，有的人就用好铁或熟铜来制作夹，这样可以免去寻找小青竹的麻烦，而且很耐用。

纸囊

纸囊是一种用来包装烤好的茶饼的用具，用剡藤纸做成的纸囊贮放烤好的茶效果最佳，因为它有利于保持烤茶的清香，使香气不散失。纸囊的造型极为简单，就是用两层又白又厚的剡藤纸拼合在一起制作而成的，制作成本很低，而且使用方便，是《茶经》所记载的器具中制作最为简便的器具之一。

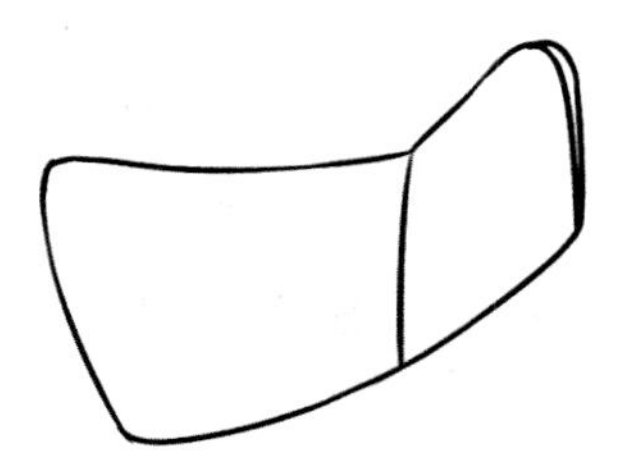

则

则是一种用海洋中的贝壳、铜、铁或竹等材料制成的，用来度量茶末的器具。则的外形似现在用的汤匙之类的物品。一般说来，烧一升的水，用一“方寸匕”的匙量取茶末，如果喜欢味道淡的，就减少茶末；若喜欢喝浓茶，就增加茶末。用则来度量茶末，给人们带来了很大的便利。

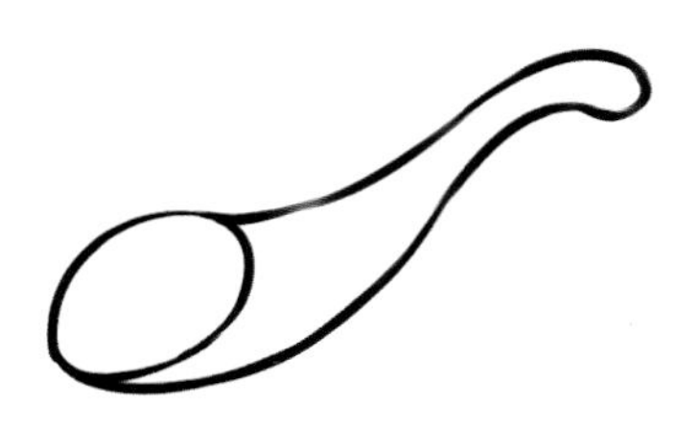

水方

水方是一种用槐、楸、梓等木制作而成的盛水器具，外形方正，只有上面一个开口处，里面和外面的缝都加油漆，容水量可达一斗（约三四十斤）。水方是当时最为重要的储水工具，当用风炉把水煮沸后，就会将其盛入水方之内，这样不仅干净快捷，而且方便取用。

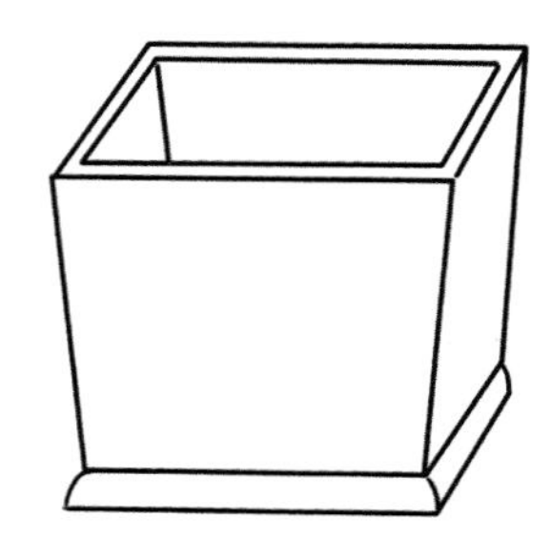

漉水囊

漉水囊分为骨架和滤水的袋子两个部分，它的骨架多用生铜铸造，这样可以避免漉水囊打湿后附着铜绿和污垢，使水有腥涩味道。也可以用熟铜、铁或竹木制成，但皆有不可避免的缺陷。滤水的袋子是用青篾丝编织，卷曲成袋形，再裁剪碧绿绢缝制，缀上翠钿作装饰而制成的。

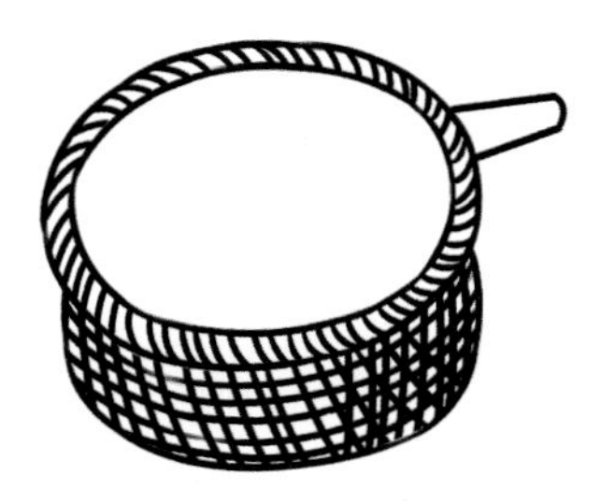

瓢

瓢又叫牺、勺，是一种把瓠瓜（葫芦）剖开并挖去内部或是从树木中间挖成的盛水器具。瓢的开口较阔，身子由于挖走了很多，所以比较单薄，而且有一个较短的把手，以便于在使用过程中捏握。这种瓢和现在所使用的瓢几乎一样，现在常用的是以梨木挖成的。

畚

畚是一种用白蒲草加工而成的用来贮放饮茶用碗的器具。用白蒲草编成的畚最佳，也有许多是用竹筥或者纸帕制成的。用纸帕制作也很简单，只需将两层剡纸裁成方形，然后糊贴在一起即可。用白蒲草制作的畚可以盛放十只碗，用两层剡纸裁成的方形畚也可以盛放十只碗。这种盛放碗的做法就如同现在我们用纸直接将碗包裹起来或用草藤类的东西将碗捆在一起，快捷方便。

涤方

涤方可以使用各种木质制作，其中以用楸木制成的涤方质量最好、最为耐用，能盛放 8 升水。涤方的制作方法和水方相似，外形也和水方相差无几。最大的不同之处在器具的底座上，水方的底座是一整块木板，且比水方的主体部分大；涤方则是以四个分散在器具四周的小木块作为支撑的。

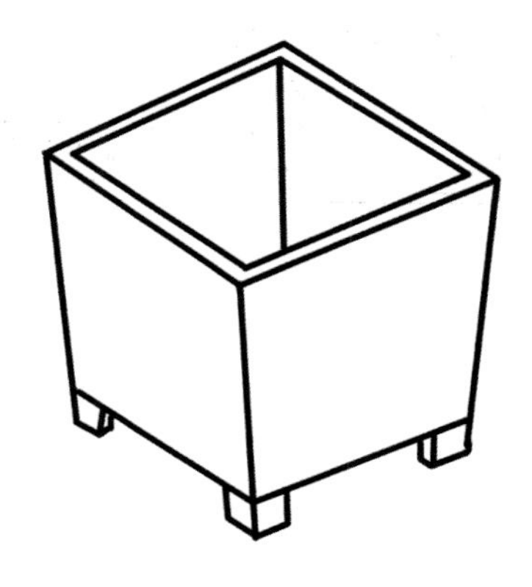

具列

具列可以用纯木质材料制成，或者用纯竹质材料制成，也可以竹木材质兼用。具列一般做成床形或架形，长三尺，宽二尺，高六寸，表面漆成黄色或黑色，由大大小小的各种小柜组合而成，而且有门供开或关。

具列是用来贮放所用器具的一种器具，之所以叫它具列，就是因为它可以贮放陈列全部器物。具列不仅仅是一种具有实用价值的器具，其规则又独特的造型，使它还具有一定的审美功能，在二十八件器具中的地位也尤为重要。

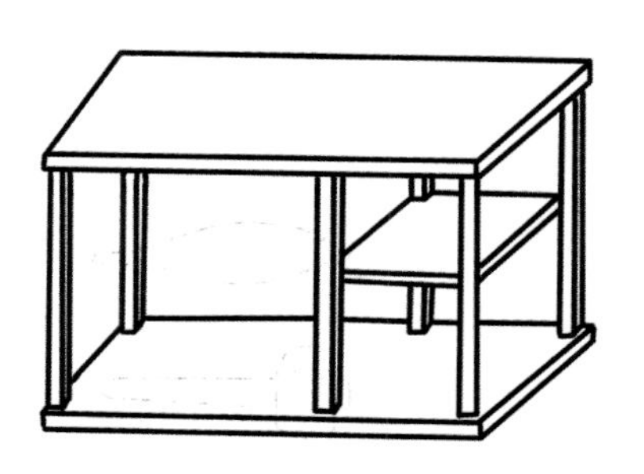

碾

碾槽最好用橘木做，其次才选择用梨木、桑木、桐木、柘木等制作。碾槽内圆外方的造型设计很有讲究。内圆以便运转，外方防止翻倒，槽内刚好放得下一个碾磙，再无空隙。木碾磙，形状像车轮，只是没有车辐，中心安一根轴，其直径三寸八分，当中厚一寸，边缘厚半寸，手握的地方呈圆形，使用非常方便。

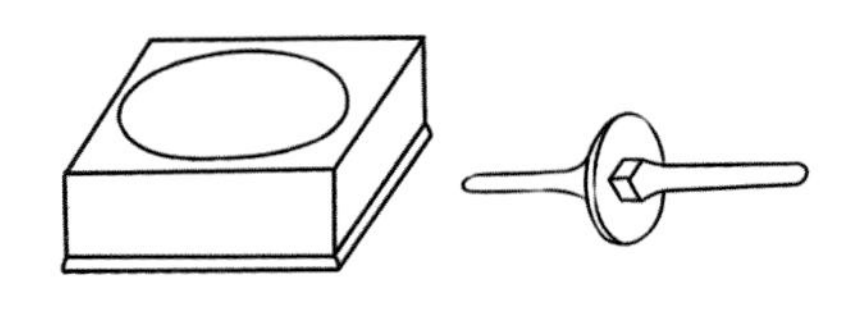

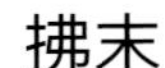

拂末

拂末是一种用来扫茶粉的用具。当用碾槽将茶饼碾成茶末或是用罗筛过茶粉之后，即可用拂末将茶粉扫在一起，便于将它们放入盒中。用拂末扫茶粉，不仅有利于茶粉入盒，方便快捷，而且可以很好地避免茶粉的浪费。拂末多用鸟的羽毛做成，制作过程也很方便，是一种很重要的器具。

炭檛

炭挝是一种用来敲碎火炭的工具，其造型不一，制作也比较随意。炭檛多用六棱形的铁棒制作，长约一尺，头部尖，中间粗，握处细，握的那头套一个小环作为装饰，好像现在河陇地带的军人拿的“木吾”。也有人把铁棒做成槌形（如同现在的锤子），有的做成斧形（和现在的斧头几乎一样）。

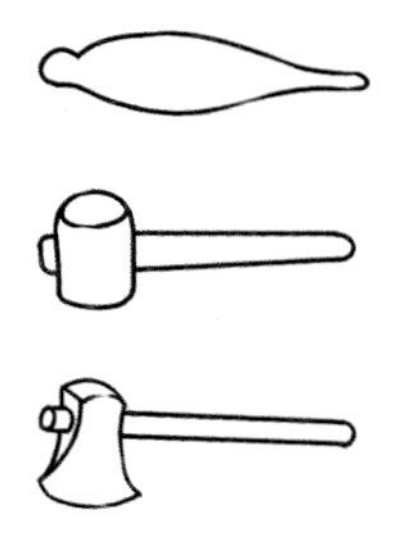

罗盒

《茶经》中写作“罗合”，实际上包含两种器具。罗是一种用大竹剖开制成的弯曲成圆形并在底部安上纱或绢的器具，主要用来筛茶粉。盒是一种用竹节或用杉树片制成的弯曲成圆形并涂上油漆的器具，主要用来装用罗筛过的茶末。盒高约三寸，盒盖一寸，盒底二寸，直径四寸，是唐代较为常用的一种茶具。

竹筴

竹筴的制作材料很多，多数使用桃木做成，也有用柳木、蒲葵木或柿心木制作的。竹筴长约一尺，一头分开为两半，另一头为一个整体，并且用银包裹两头，很像现在使用的镊子，但比镊子大得多。它的主要作用是：在用煎、煮茶的器具煮茶时，用它搅拌茶汤，使茶汤更加均匀。

鹾簋

鹾簋（cuó guǐ）是一种用瓷做成的用来装盐的器具。它的造型大致有两种式样：一是圆形的像盒子一样的器物，直径大约有四寸，也有的将其制作成瓶形。其开口处稍大，颈脖处很细窄，腹部主体向外膨胀，到了底座处又慢慢变小，造型酷似现在的花瓶，也是一种较为常用的器具。

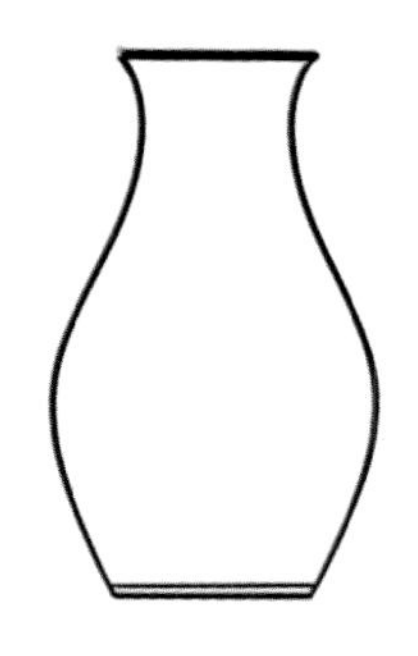

碗

碗在当时是一种极为重要的饮茶器具，种类多样，很多地方皆有生产。其中最佳的是越窑茶瓯，鼎州、婺州次，岳州、寿州、洪州等更为次之。唐代盛行团饼茶，越州瓷、岳瓷皆青，青则益茶，茶作白红之色，因此在当时很受欢迎。而邢州瓷白，茶色红；寿州瓷黄，茶色紫；洪州瓷褐，茶色黑；悉不宜茶。

都篮

都篮因能装下所有的器具而得名，多用竹篾编成，里面编成三角形或方形的眼，外面用两道宽篾作经线，一道窄篾作纬线，交替编压在作经线的两道宽篾上，编成方眼，不仅具有很高的实用价值，而且玲珑好看，具有欣赏价值。都篮高一尺五寸，长二尺四寸，阔二尺，底宽一尺，高二寸。

宋代茶具

随着茶业的日益发展，点茶、斗茶等品饮方式的出现，宋代的茶具又有了很大的发展。除了唐代已有的茶具外，还出现了茶焙、茶碾、茶匙等新式茶具，其中最具代表性的是茶筅、汤瓶、茶盏三种点茶用具。

宋代茶具的发展

中国饮茶“兴于唐而盛于宋”。宋代，茶业日益发展，饮茶之风盛行，从皇室贵族至平民百姓，无不喜欢饮茶。宋太祖赵匡胤就曾下诏要求地方向朝廷贡茶，宋徽宗也曾大力提倡饮茶。这一时期，茶业有了很大的发展，先后出现了“大龙团”等珍品；饮茶方式也发生了很大的变化，由唐代的煮茶逐渐变成了点茶，从而使茶具也发生了一些变化。瓷器茶具更加考究，金银茶具日渐增多，漆茶具也已经较为流行。

宋代茶具的特点

造型和工艺有很大的发展。宋代人的饮茶方式主要是点茶法。所谓“点茶”，即煎水不煎茶，将半发酵的茶叶制成的茶饼碾成茶末后，用沸水在茶盏里冲点，同时用茶筅搅动，茶末上浮，形成粥面。这就要求茶瓶的流要加长，口部要更圆峻，器身与器颈也需增高，把手的曲线也变得很柔和，茶托的式样更多。

茶具尚浅、尚黑。唐代时出现的斗茶在宋代达到了鼎盛期，斗茶之风盛行。宋人斗茶主要有三个评判标准：一看茶面汤花的色泽与均匀程度；二看茶盏内沿与汤花相接处有无水痕；三品茶汤。因此，为了便于观看茶色和水痕，宋人改唐代的碗为盏。茶盏、茶筅和汤瓶是三种最具代表性的点茶用具。由于宋人对茶色的要求很高，以纯白为最佳，因此，最适合用黑茶具盛之，所以当时的人们崇尚黑色茶具。蔡襄的《茶录》中记载说，因“茶色白”而“宜黑盏”，可见当时黑色茶具非常流行。

宋代过分追求形式的斗茶和华丽的点茶法的盛行，日渐背离了陆羽所强调的茶具要方便、耐用、宜茶的基本原则，给茶器的健康发展带来了一些不利因素。但是随着点茶法的出现以及茶业的逐渐发展，宋代的茶具总体上来说仍取得了较大的进步，达到了历代以来前所未有的新高度。

蔡襄与《茶录》

蔡襄（1012—1067），字君谟，北宋兴化仙游（今属福建）人，于宋仁宗庆历年间任福建转运使，负责监制北苑贡茶，因创制了小龙团茶而闻名于当世。后来撰写《茶录》一书。

《茶录》中碗的样式

《茶录》是宋代最为著名的一部论述茶具的著作，也是继陆羽《茶经》之后最有影响的论茶专著。

《茶录》计上、下两篇，上篇论茶，分色、香、味、藏茶、炙茶、碾茶、罗茶、候汤、熁盏、点茶十目，主要论述茶汤品质和烹饮方法；下篇论器，分茶焙、茶笼、砧椎、茶钤、茶碾、茶罗、茶盏、茶匙、汤瓶九目。此书虽然字数不多，论述也非常简洁，但意义重大。现将其论述茶具的部分摘录如下：

茶焙：茶焙，编竹为之，裹以箬叶，盖其上，以收火也；隔其中，以有容也。纳火其下，去茶尺许，常温温然，所以养茶色香味也。

茶笼：茶不入焙者，宜密封，裹以箬，笼盛之，置高处，不近湿气。

砧椎：砧椎，盖以碎茶；砧以木为之；椎或金或铁，取于便用。

茶钤：茶钤，屈金铁为之，用以炙茶。

茶碾：茶碾，以银或铁为之。黄金性柔，铜及碖石皆能生铣，不入用。

茶罗：茶罗，以绝细为佳。罗底用蜀东川鹅溪绢之密者，投汤中揉洗以罩之。

茶盏：茶色白，宜黑盏，建安所造者，绀黑，纹如兔毫，其坯微厚，熁之久热难冷，最为要用。出他处者，或薄，或色紫，皆不及也。其青白盏，斗试自不用。

茶匙：茶匙要重，击拂有力。黄金为上，人间以银、铁为之。竹者轻，建茶不取。

汤瓶：瓶要小者，易候汤，又点茶、注汤有准。黄金为上，人间以银、铁或瓷、石为之。

赵佶与《大观茶论》

赵佶（1082—1135），即宋徽宗，宋朝第八位皇帝，是我国历史上出名的骄奢淫逸的皇帝之一。他生性风流，才思敏捷，精通绘画、书法。有《池塘秋晚》等画、草书《千字文卷》等留传后世，而且他还自创一种被后人称之为“瘦金体”的书法字体。这样一个酷爱诗词、绘画，不理朝廷之事的“文雅”皇帝，对盛行于宋代的极其风雅的饮茶文化自然颇有研究。大观元年（1107 年），宋徽宗赵佶完成了他关于茶的专论《大观茶论》。

《大观茶论》全书共二十篇，对北宋时期蒸青团茶的产地、采制、烹试、品质、斗茶风尚等均做了详细记述。其中“点茶”一篇，见解精辟，论述深刻。《大观茶论》从侧面反映了北宋以来我国茶业的发达程度和制茶技术的发展状况，也为我们认识宋代茶道留下了珍贵的文献资料。

每一本茶学专著都不会缺少对茶具的记载，《大观茶论》中也有“罗碾”等五篇是关于茶具的论述。现将其论述茶具的部分摘录如下：

罗碾：碾以银为上，熟铁次之，生铁者，非淘炼槌磨所成，间有黑屑藏于隙穴，害茶之色尤甚。凡碾为制，槽欲深而峻，轮欲锐而薄。槽深而峻，则底有准而茶常聚；轮锐而薄，则运边中而槽不戛。罗欲细而面紧，则绢不泥而常透。碾必力而速，不欲久，恐铁之害色。罗必轻而平，不厌数，庶几细者不耗。惟再罗，则入汤轻泛，粥面光凝，尽茶之色。

盏：盏色贵青黑，玉毫条达者为上，取其焕发茶采色也。底必差深而微宽，底深则茶宜立，易于取乳；宽则运筅旋彻，不碍击拂。然须度茶之多少，用盏之大小。盏高茶少，则掩蔽茶色；茶多盏小，则受汤不尽。惟盏热，则茶发立耐久。

筅：茶筅以筯竹老者为之，身欲厚重，筅欲疏劲，本欲壮而末必眇，当如剑脊之状。盖身厚重，则操之有力而易于运用。筅疏劲（如剑脊），则击拂虽过而浮沫不生。

瓶：瓶宜金银，小大之制，惟所裁给。注汤害利，独瓶之口嘴而已。嘴之口差大而宛直，则注汤力紧而不散。嘴之末欲圆小而峻削，则用汤有节而不滴沥。盖汤力紧，则发速；有节而不滴沥，则茶面不破。

勺：勺之大小，当以可受一盏茶为量。过一盏则必归其余，不及则必取其不足。倾勺烦数，茶必冰矣。

《大观茶论》中茶盏的样式

审安老人与《茶具图赞》

审安老人姓名无考，著有《茶具图赞》。《茶具图赞》以白描的手法绘制了十二件茶具图形，称之为“十二先生”，赐以名、字、号，并按宋时官制冠以衔职，非常形象生动地反映出宋代社会对茶具的钟爱和对茶具功用、特点的评价，是中国第一部茶具图谱。这十二件茶具分别是:

韦鸿胪

韦鸿胪：即茶笼，以竹制成，用来炙茶。

韦鸿胪，名文鼎，字景旸，号四窗闲叟。姓“韦”，表示由坚韧的竹器制成，“鸿胪”为执掌朝祭礼仪的机构。

赞曰：祝融司夏，万物焦烁，火炎昆岗，玉石俱焚，尔无与焉。乃若不使山谷之英堕于涂炭，子与有力矣。上卿之号，颇著微称。

木待制

木待制：即茶臼，以木制成，用来捣茶。

木待制，名利济，字忘机，号隔竹居人。姓“木”，表示是木制品，“待制”为官职名，为轮流值日之意。

赞曰：上应列宿，万民以济，禀性刚直，摧折强梗，使随方逐圆之徒，不能保其身，善则善矣，然非佐以法曹、资之枢密，亦莫能成厥功。

金法曹

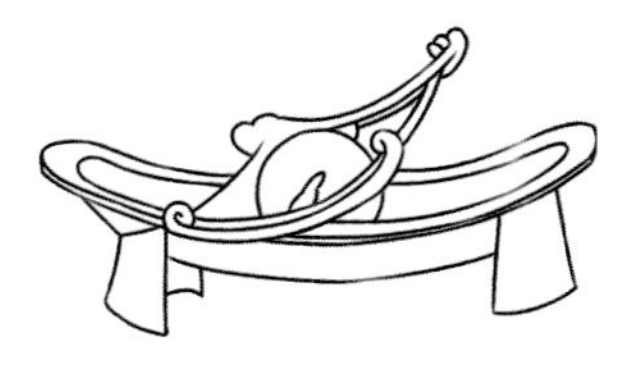

金法曹：即茶碾，以金属制成，用来碾茶。

金法曹，名研古、轹古，字元锴、仲铿，号雍之旧民、和琴先生。姓“金”，表示用金属制成，“法曹”是司法机关。

赞曰：柔亦不茹，刚亦不吐，圆机运用，一皆有法，使强梗者不得殊轨乱辙，岂不韪欤？

石转运

石转运：即茶磨，以石凿成，用来磨茶。

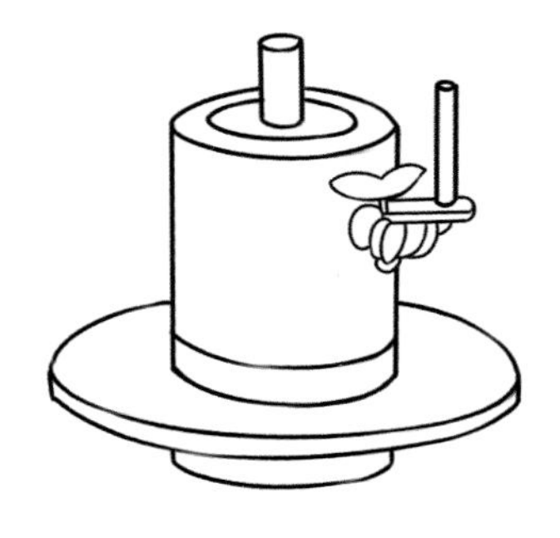

石转运，名凿齿，字遄行，号香屋隐君。姓“石”，表示用石凿成，“转运”是宋代负责一路或数路财富的长官，但从字面上看有辗转运行之意，与磨盘的操作十分吻合。

赞曰：抱坚质，怀直心，啖嚅英华，周行不怠，斡摘山之利，操漕权之重，循环自常，不舍正而适他，虽没齿无怨言。

胡员外

胡员外：即水杓，以葫芦制成，用来量水。

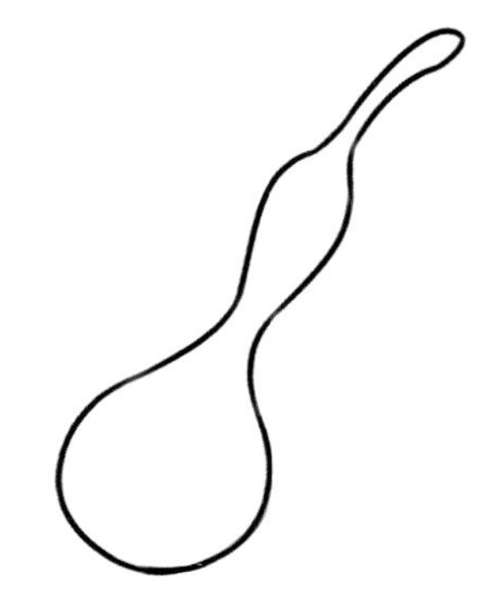

胡员外，名惟一，字宗许，号贮月仙翁。姓“胡”，暗示主体用葫芦制成。“员外”是官名，“员”与“圆”谐音，“员外”暗示“外圆”。

赞曰：周旋中规而不逾其闲，动静有常而性苦其卓，郁结之患悉能破之，虽中无所有而外能研究，其精微不足以望圆机之士。

罗枢密

罗枢密：即罗筛，由罗绢敷成，用来筛茶。

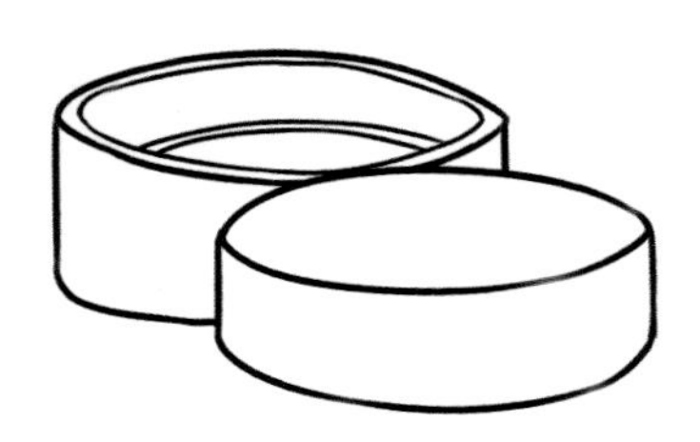

罗枢密，名若药，字传师，号思隐寮长。姓“罗”，表明筛网由罗绢敷成。“枢密使”是执掌军事的最高官员，“枢密”又与“疏密”谐音，和筛子特征相合。

赞曰：几事不密则害成，今高者抑之，下者扬之，使精粗不至于混淆，人其难诸！奈何矜细行而事喧哗，惜之。

宗从事

宗从事：即茶帚，以棕丝制成，用来清茶。

宗从事，名子弗，字不遗，号扫云溪友。姓“宗”，表示用宗丝制成，“从事”为州郡长官的僚属，专事琐碎杂务，“弗”即“拂”，“不遗”是其职责，号“扫云”，就是掸茶之意。

赞曰：孔门高弟，当洒扫应对事之末者，亦所不弃，又况能萃其既散、拾其已遗，运寸毫而使边尘不飞，功亦善哉。

陶宝文

陶宝文：即茶盏，由陶瓷做成，用来品茶。

陶宝文，名去越，字自厚，号兔园上客。姓“陶”，表示由陶瓷做成，“宝文”表示器物有优美的花纹。“去越”是指非“越窑”所产，“自厚”指壁厚。

赞曰：出河滨而无苦窳，经纬之象，刚柔之理，炳其绷中，虚己待物，不饰外貌，位高秘阁，宜无愧焉。

漆雕秘阁

漆雕秘阁：即盏托，姓“漆雕”，盛茶末。

漆雕秘阁，名承之，字易持，号古台老人。姓“漆雕”，表明外形美，也暗示有两个器具。宋代有“直秘阁”之官职，这里有茶托承持茶盏，“亲近君子”之意。

赞曰：危而不持，颠而不扶，则吾斯之未能信。以其弭执热之患，无坳堂之覆，故宜辅以宝文，而亲近君子。

汤提点

汤提点：即汤瓶，可以手提，用来点茶。

汤提点，名发新，字一鸣，号温谷遗老。姓“汤”，即热水，“提点”为官名，含“提举点检”之意，是说汤瓶可用以提而点茶。“发新”是指显示茶色，“一鸣”指沸水之声。

赞曰：养浩然之气，发沸腾之声，中执中之能，辅成汤之德，斟酌宾主间，功迈仲叔圉，然未免外烁之忧，复有内热之患，奈何？

竺副帅

竺副帅：即茶筅，以竹制成，用来调沸汤。

竺副帅，名善调，字希点，号雪涛公子。姓“竺”，表明用竹制成，“善调”指其功能，“希点”指其为“汤提点”服务，“雪涛”指茶筅调制后的浮沫。

赞曰：首阳饿夫，毅谏于兵沸之时，方金鼎扬汤，能探其沸者几稀！子之清节，独以身试，非临难不顾者畴见尔。

司职方

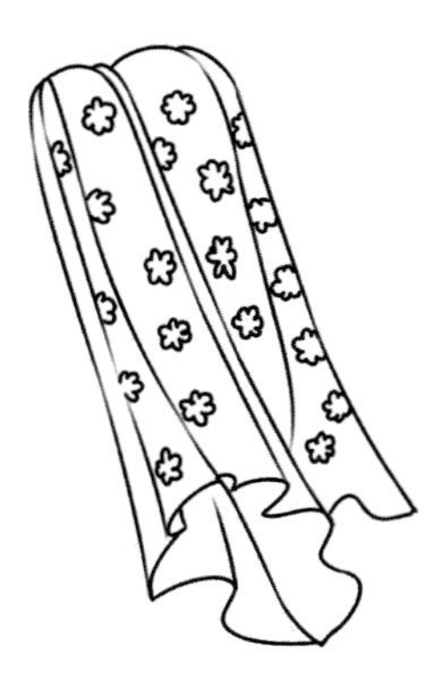

司职方：即茶巾，丝织品，用来清洁茶具。

司职方，名成式，字如素，号洁斋居士。姓“司”，表明为丝织品。“职方”是掌管地图与四方的官名，这里借指茶巾是方形的。“如素”、“洁斋”均指它用以清洁茶具。

赞曰：互乡之子，圣人犹且与其进，况瑞方质素，经纬有理，终身涅而不缁者，此孔子之所以与洁也。

明代茶具

明代是中国饮茶史上的一个重要时期，明太祖朱元璋下令罢团茶之后，盛行于宋代的“斗茶”不再流行，一种新兴的饮茶方式——“散茶”开始兴起，饮用的茶已改为蒸青、炒青，茶具也随之发生了巨大的变化。

明代茶具的发展

明代以后，散茶开始流行，并逐渐代替斗茶成为社会饮茶方式的主流。散茶就是在将茶压制成砖、饼、团、沱等形状之前的散开的、一片一片的茶。由于人们不再以斗茶为乐，茶叶也无须碾末冲泡，因此，以前用于碾碎茶团的碾、磨、罗等茶具逐渐弃置不用，一些新的茶具品种脱颖而出。

明代饮用的茶多为蒸青、炒青，汤色淡黄，与宋代所追求茶汤纯白截然不同。因此，对茶具的色泽要求发生了变化。

明代茶具

明代茶具的特点

明代时，宋代崇尚的以黑釉盏为代表的黑色器具也逐渐退出人们的视线，取而代之的白瓷茶具开始流行。景德镇作为全国的制瓷中心，生产了大量茶具，品种丰富，造型各异。这一时期，出现了著名的红釉瓷，其中，青花瓷和彩瓷茶具成为当时最受欢迎的饮茶器具。

明代中后期，社会上出现了使用陶器茶具的风潮，其中以紫砂壶最为出名。陶器作为茶具的历史极为久远，新石器时代已有非常粗糙的陶土器具。到了明代，煎煮茶饼的土黄大砂罐演变为以紫色为主，形状也从大变小，逐渐演化为独树一帜的紫砂壶。紫砂壶具有优良的宜茶性，不吸茶香，不损茶色。直到现在，紫砂壶仍然是饮茶的最佳茶具之一。

明代茶具追求小巧、朴拙。明代的文人骚客对茶艺颇有讲究，喜自然、精致。他们不仅沉醉于白瓷茶具的细腻与淡雅，而且喜茶具的小巧。另外，明代还出现了锡质茶具，并且和紫砂壶一样受到了文人的推崇。从现存及出土的明代茶具来看，锡质茶具占据了很大的比例。

清代茶具

清代也是中国茶文化史上的一个重要时期，六大茶类在这时都已形成，而且宫廷饮茶之风盛行。茶具在承袭明代茶具的基础上取得了很大的发展，其中，江西宜兴的紫砂陶茶具和江西景德镇的青花瓷茶具最为著名。

清代茶具的特点

清代，茶叶类别有了很大的发展，绿茶、红茶、乌龙茶、白茶、黑茶和黄茶这六大茶类都已形成。但这些茶仍然属于条形散茶，所以无论哪种茶类，饮用时仍然沿用明代的直接冲泡法。因此，清代的茶具，无论是在种类上还是形式上，都和明代的习惯相同，基本上沿袭了明代茶具。

清代，紫砂茶具步入鼎盛时期，并渐渐成为贡品。当时的紫砂茶具造型简洁大方、色调古朴雅致，尤其是仿生技巧，已经达到了炉火纯青的地步。这一时期出现了许多制壶名家和名壶。嘉庆和道光时期，文人陈曼生与制壶名家杨彭年创制了独树一帜的文人壶。文人壶不仅仅是茶的载体，更是一件具有艺术内涵的艺术品。陈曼生还为杨彭年兄妹设计了十八种样式的紫砂壶，即后来所谓的“曼生十八式”。另外，陈鸣远、邵大亨等皆是当时的制壶名家。总之，清代紫砂茶具在继承明代的基础上有了很大的发展。文人壶的出现为紫砂茶具开辟了一个全新的境界，从而使一个简单的紫砂茶具变成了极具欣赏价值的艺术品。

清代也是瓷器发展的黄金时期，景德镇仍然是我国瓷器的主要生产地。这一时期的瓷器与明代瓷器相比，在造型、釉彩、纹样以及装饰风格等方面都有很大的变化。以釉彩为例，清代创造了几十种带中性的间色釉，种类繁多，数量可观。青花瓷作为彩瓷茶具中一个最重要的花色品种，造型优美、新颖，制作精致，最受欢迎。尤其是在康熙年间烧制的青花瓷器，胎质细腻洁白，纯净无瑕，有“清代之最”之称。

清代盖碗

第二章

现代茶具的分类

玻璃茶具

玻璃茶具又被称作琉璃茶具，自古以来就是人们饮茶的器具，随着现代玻璃制造技术的发展，玻璃茶具已经成为现代日常生活中最为常见和常用的茶具之一。

玻璃茶具的发展

玻璃，古代称之为流璃或琉璃，是一种有色半透明的矿物质制品。我国的琉璃技术虽然起步较早，但进展缓慢。玻璃茶具的发展过程大致可以分为三个阶段：

春秋至汉代是中国玻璃制造的萌芽阶段。虽然当时已经用模制、镶嵌等制作工艺炼制出七种颜色的玻璃，但是器件很小很简单。从已经出土的当时的器物来看，都是一些小件的礼器、佩饰等，做工粗糙、外形简单，并且没有出现玻璃茶具。

唐代到清代，玻璃技术和玻璃茶具有了缓慢的发展。唐代是一个开放的社会，中外文化交流逐渐增多，西方的玻璃器皿传入中国，开启了中国烧制玻璃茶具的时代。陕西扶风法门寺地宫出土的由唐僖宗供奉的素面圈足、淡黄色玻璃茶盏和素面淡黄色玻璃茶托，虽然造型原始，透明度低，但却是唐代中国玻璃茶具的代表，表明我国的玻璃茶具在唐代已经起步。自唐代后，玻璃茶具开始了缓慢的发展。宋代制造出了高铅玻璃器，元明时期出现了玻璃作坊，清代还开设了宫廷玻璃厂。但这一时段，玻璃茶具使用没有形成规模。

近代，随着玻璃工业的崛起，玻璃器皿有了较大的发展，玻璃茶具也很快兴起。这一时期的玻璃茶具质地良好、光泽夺目、透明性高，且价格低廉，逐渐成为日常饮茶中最为常用的茶具之一，其中以玻璃茶杯最为常见。

玻璃茶具的特点

从玻璃材质上看，玻璃质地优良，光泽夺目，透明度高，外形可塑性大。因此，可以制成形态各异的玻璃茶具。但是玻璃器皿质地较脆，容易破碎，而且导热较快，比较烫手。在现代社会，随着玻璃生产技术的发展，出现了一种经过特殊加工的钢化玻璃制品，不易破碎，更便于人们使用。

从花销上看，玻璃茶具较其他茶具价格低，而且购买方便。

从泡茶过程看，用玻璃杯泡茶，不仅可以欣赏茶汤鲜艳的色泽和细嫩柔软的茶叶，而且可以观赏茶叶在整个冲泡过程中上下浮动、逐渐舒展的动态美。

从泡茶效果看，玻璃杯没有毛孔，不会吸取茶的味道，因此，泡出的茶味道很纯正。玻璃杯也很容易清洗，味道不会残留。

玻璃茶具的选购

由于玻璃材质的透明度很高，所以，从表面上看，玻璃茶具没有什么不同。实际上，玻璃茶具的内在有很大的差别，如果选择不好，就有可能会出现炸裂的情况。因此，在选购玻璃茶具时，要把握以下三点：

第一，看玻璃厚度。一般正品的玻璃茶具都有一定的厚度，并且厚薄均匀。所以，不要购买器身厚薄不一的。

第二，看透明度。正品的玻璃茶具在阳光照射下会非常通透，而一些便宜的就相对浑浊。

第三，听敲击声。正品玻璃茶具在敲击之下会发出很清脆的声音，而一些劣质的玻璃茶具敲击声发闷。

玻璃茶具的养护

玻璃制品容易破碎，所以在使用和清洁保养时，应注意轻拿轻放，避免玻璃茶具之间的碰撞。

玻璃茶具不耐火烤，也很怕用沸水冲烫，使用时应注意水温不能太高，避免玻璃器具在高温下破碎。

玻璃茶具的透明度很高，在长期的使用过程中，内外两面都很容易藏污纳垢。外壁上的污垢大多是灰尘，可以用清水常常冲洗，内壁上经常会残留茶渍，不仅影响美观，而且对人的身体有害。因此，有饮茶习惯者，应经常及时地清洗茶具内壁的茶垢。将茶具直接泡在稀释的酸醋中 30 分钟，即可光泽如新。也可用布蘸醋擦拭，细部变黑处，用软毛牙刷蘸醋、盐混合成的溶液轻拭即可。另外，将玻璃器皿用水冲净后，倒入约 40℃的温水刷净，再令其自然干燥，也可以除去杯壁、杯底的茶垢。

瓷器茶具

中国茶具最早以陶器为主。瓷器发明之后，就逐渐代替了陶质茶具，成为社会饮茶用具的主流。瓷器茶具可分为白瓷茶具、青瓷茶具、黑瓷茶具和彩瓷茶具等。宋代五大名窑以及景德镇所生产的青花瓷等，皆名扬天下。

瓷器茶具的发展

中国的瓷器发源于三千多年前的商周时期，那时的人们饮茶主要用陶土器，瓷器很少且很粗糙。东汉时期出现了青釉瓷器，但由于生产不足，价格昂贵，因此用作茶具的很少。隋唐时期，茶业兴盛，青瓷、白瓷两大单色釉瓷系已经形成，人们饮茶已经开始较多地使用青瓷茶具和白瓷茶具。宋代饮茶和斗茶之风盛行，五大名窑的瓷器生产也超越了以前所有时代，人们已经开始普遍使用瓷器茶具饮茶。明清时期，江西景德镇的青花瓷使当时人们的瓷器茶具更加丰富，并且一直沿用至今。

瓷器茶具的特点

从外观上看，瓷器茶具造型美观独特、装饰精致小巧、釉色丰富绚烂，观赏性佳。

从泡茶效果看，瓷器无吸水性，用瓷器茶具泡茶可以很好地保留茶的色、香、味。

从材质上看，瓷器具有一定的保温性，不烫手，也不容易炸裂。

从茶水色彩上看，由于瓷器色彩丰富，因此可以很好地反映茶水的色泽。

瓷器茶具

瓷器茶具的选购

瓷器茶具在我国的饮茶史上占有重要的位置，也是历代人们最为喜欢的茶具之一。目前，随着陶瓷工艺的进步，瓷器的造型和品种也越来越丰富，市场上也是正品、伪品、优品、劣品并存，因此，瓷器茶具的选购也尤为重要。

首先，在选择瓷器茶具时，应观察瓷器茶具的釉色。对于素净的纯色瓷器，在选购时应观察瓷器釉面是否平整光滑，有没有斑点、落渣、缩釉等缺点；对于彩瓷茶具，选购时应看釉色是否均匀，色彩是否和谐，花纹的线条是否连贯；如果需要选购整套瓷器茶具，首先应该仔细观察每一件瓷器，然后还要观察整套茶具的釉色、花纹、光泽度是否协调一致，并把整套茶具放在同一水平面上，看整体是否周正平稳。

其次，在选购瓷器茶具时，应听敲击茶具发出的声音。方法是用中指和食指的指尖轻轻敲击茶具表面，如果敲击的声音清脆悦耳，则说明该瓷器茶具瓷化程度好并且没有损伤；如果声音沉闷沙哑，则为质量较差的茶具。

最后，在选购瓷器茶具时，要抚摸茶具表面。质量好的瓷器茶具釉面光滑不涩，用手摸上去柔滑细腻。

通过这三个方面，基本上可以断定瓷器茶具的优劣。而对于瓷器茶具的器形和纹饰，可以根据个人喜好来选择。

瓷器茶具的养护

瓷器茶具是人们在日常冲泡中最常使用的茶具，其手感细腻、色彩斑斓、造型多变，一直很受欢迎。在日常的使用过程中，也要对瓷器茶具加以养护。瓷器茶具的保养方法主要有以下几点：

第一，由于瓷器属于易碎品，因此在日常使用中，应注意轻拿轻放，避免不必要的碰撞。

第二，在清洗瓷器茶具时，宜使用材质柔软细腻的清洗布而不能用材质粗糙的清洗布。这是因为材质粗糙的清洗布有可能对瓷器光滑的表面造成损伤。另外，最好不要使用水温超过 80℃的水来清洗瓷器茶具，以免对瓷器外表产生影响。可以用柔软的清洁布蘸醋擦拭，或用干净的软毛牙刷蘸醋、盐混合成的溶液轻拭即可。

第三，除了一些特殊的瓷器茶具之外，一般的瓷器茶具皆不适宜放入微波炉或者消毒洗碗机中，因为温度过高容易导致瓷器茶具的破裂。

第四，在使用瓷器茶具冲泡时，不能将瓷器茶具直接放在火上加热，瓷器茶具特殊的材质决定了其不耐火烧。也不能将刚泡过茶的热杯直接浸入冷水中，温度的骤变容易损伤瓷器。

瓷器茶具的分类

一、青瓷茶具

青瓷可简单地理解为施青釉的瓷器，它是我国瓷器生产的主要品类，东汉时期，已能生产色泽纯正、透明发光的青瓷。经过从晋到唐的发展，到宋代，青瓷的发展已达到鼎盛期。当时浙江龙泉县哥窑生产的青瓷茶具已远销欧洲市场，名气斐然。明代，青瓷茶具质地更为细腻，造型更加独特典雅，釉色青翠。现代工艺制作的青瓷也很受欢迎。青瓷适合冲泡绿茶。

二、白瓷茶具

唐代饮茶之风盛行，全国制瓷业发展兴盛，茶具在此基础上也有了较大发展。唐代在继续发展青瓷的同时，白瓷的发展也很迅速。河北任丘的邢窑、浙江余姚的越窑、湖南的长沙窑、四川大邑窑等都生产白瓷茶具。唐代烧造的白瓷，胎釉白净，如银似雪，标志着白瓷的真正成熟。到了元代，江西景德镇的白瓷茶具就已远销国外。

三、黑瓷茶具

宋代，茶业不断发展，斗茶迅速在全国范围内兴起。宋人斗茶，茶色以“纯白”为佳，盏水以无痕为上，用黑瓷茶具盛装最容易分辨。因此，宋代不流行青瓷和白瓷茶具，而最流行始于唐代后期的黑瓷茶具。福建建窑、江西吉州窑、山西榆次窑等都是黑瓷茶具的主要产地。元代一直沿用宋代的黑瓷茶具。到了明清时期，斗茶不再时兴，黑瓷茶具也开始衰微。

四、彩瓷茶具

中国的彩瓷茶具有釉上彩和釉下彩之分，且品种很多，包括青花瓷、斗彩、珐琅彩、五彩、粉彩等，其中青花瓷最具人气。青花瓷属于釉下彩，而斗彩、五彩、珐琅彩、粉彩等则属于釉上彩。在明代，景德镇出产的青花瓷在我国最为出色。到了现代，景德镇的青花瓷继承历代优秀传统，开发了更多样的品种，在展品瓷器、礼品瓷器等内外销商品上都取得了显著的成就。

彩瓷茶具分类

釉上彩茶具

珐琅彩茶具

青花瓷茶具

1. 釉上彩

釉上彩是指在已烧成的白釉或涩胎瓷器上，用色料绘饰各种纹饰，再于 700℃—900℃左右的低温窑炉中二次烧造，低温固化易磨损，易受酸、碱等腐蚀。

2. 釉下彩

釉下彩又称“窑彩”，是指在素坯上进行彩绘，后施以透明釉或其他浅色釉，再以高温烧制而成。

彩瓷茶具品种

1. 青花瓷

青花瓷又叫白地青花瓷，简称为青花，是指用钴矿为原料，在坯体上纹饰，经过高温一次烧成的瓷器，属于釉下彩瓷。青花瓷品种繁多，历史悠久，以景德镇出产的青花瓷最为著名，远销海内外。

2. 斗彩

斗彩是釉上彩和釉下彩相结合的一种装饰品种，创制于明成化时期。斗彩是在高温下烧成的釉下彩青花瓷上，用颜料进行二次描绘，填补青花图案留下空白的地方，再次用低温烧制而成。斗彩色彩绚丽、图案丰富、装饰性强。

3. 珐琅彩

珐琅彩指的是瓷胎画珐琅，是将画珐琅的技法用到瓷胎上的一种釉上彩瓷器。它是宫廷垄断的工艺珍品。其胎壁极薄、结合紧密，色泽艳丽、画工精致。因制作珐琅彩在画工、用料、施釉、烧制等工艺上技术要求极其严格，所以在清代以后很难再见到了。

4. 五彩

五彩是釉上彩的一种，其所指的是在瓷器釉面上施加多种颜色的彩，而非五种颜色的瓷器，也称之为五彩瓷。五彩瓷主要以红、黄、蓝、黑、绿为主要颜色，别具一格。

瓷器茶具之五大名窑

中国的瓷器发展到宋代，在胎质、釉料和制作技术等方面，又有了新的提高，烧瓷技术已经达到完全成熟的程度，工艺技术上有了明确的分工。宋代是我国瓷器发展的一个重要阶段，闻名中外的名窑很多，其中以五大名窑的汝、官、哥、钧、定等产品最为有名。宋代五大名窑之说，始见于明代皇室收藏目录《宣德鼎彝谱》：“内库所藏柴、汝、官、哥、钧、定名窑器皿，款式典雅者，写图进呈。”由于柴窑被传为五代所烧，故后世只列五大名窑。宋代五大名窑所制造的瓷器茶具，无论是造型、色彩，还是质地、装饰，都达到了从未有过的水平，而且对后世影响深远。

官窑茶具

官窑位于今浙江杭州。其烧制的瓷器茶具釉色以粉青为主，线条挺括，造型端庄典雅。

瓷器茶具

哥窑茶具

哥窑旧窑址尚未找到，其以纹片著称，烧制的茶器胎骨较厚、胎质紧密，釉色主要有月白、灰色、米黄等。

汝窑茶具

汝窑古属于汝州（今河南省汝州市）。其烧制的瓷器茶具胎质细腻、施釉肥厚，釉色温润，色泽以天青、月白为主。

定窑茶具

定窑窑址位于今河北曲阳，其烧制的瓷器茶具主要以白釉为主。生产的白瓷胎质洁白细腻，釉面呈牙白色或乳白色。

钧窑茶具

钧窑位于河南禹县，是我国北方著名的瓷窑。其烧造的瓷器胎质紧密，造型古朴文雅，色彩自然。

我国主要的瓷器产地

中国的瓷器源远流长、博大精深，瓷器茶具种类丰富，产地遍布全国，有名的生产地也很多，其中有三处最为著名。

一、景德镇——瓷都、制瓷中心

提起中国的瓷器，人们首先能想到的就是瓷都景德镇。景德镇和制瓷业几乎同时出现。在北宋景德元年，当时的皇帝宋真宗下旨在昌南镇办御窑，同时将昌南镇改名为景德镇。这一时期，景德窑生产的瓷器，质地光润，青白相间，并且已有多彩施釉和各种彩绘。景德镇是宋代青白盏茶具的主要产地，代表了宋代瓷器的最高水平。

元代，景德镇已经开始烧制青花瓷。这一时期的青花瓷茶具淡雅滋润，在国内和国外都很受欢迎。

明代永乐年间，景德镇成为了全国的制瓷中心。不仅青花瓷茶具和白瓷茶具很盛行，而且还出现了造型小巧、质地细腻、色彩艳丽的各种彩瓷。

清代，景德镇的制瓷技术又有了新发展。康熙年间创造了珐琅彩和粉彩。雍正时期，珐琅彩茶具已达到了只见釉层、不见胎骨的完美程度。将这种瓷器对着光，可以从背面看到胎面上的彩绘花纹图，制作之巧，令人惊叹。

新中国成立后，对中华民国时期的陶瓷企业和作坊进行了大规模的整合，陶瓷生产规模扩大，形成了以日用瓷为主体，艺术、建筑、工业、电子等各类陶瓷共同发展的陶瓷工业体系。1958 年创办了一所专门培养高级陶瓷人才的高等学校——景德镇陶瓷学院，景德镇成为当时中国最重要的陶瓷生产和出口基地以及陶瓷科研教育中心。

景德镇向来很重视瓷釉色彩。我国瓷器用色釉装饰大约起源于商代，东汉时期出现了青釉瓷器，唐代创造了黄、紫、绿三彩，即唐三彩。宋代，色釉的颜色更多，有影青、粉青、定红、紫钧、黑釉等釉色。据史籍记载，宋元时期，景德镇的瓷窑已有三百多座，颜色釉已经占有很大的比重。到了明清时期，景德镇的颜色釉取众窑之长，在继承先前技术的基础上，创造了钧红、祭红、郎窑红等名贵色釉，造诣极高，对后世影响深远。现今，景德镇已恢复和创制了多种业已失传的颜色釉，有些如钧红、郎窑红、豆青、文青等已赶上或超过历史最高水平，还新增了火焰红、大铜绿、丁香紫等多种颜色釉。

景德镇生产的瓷器茶具

二、福建德化瓷

德化是中国近代三大瓷都之一，是中国陶瓷文化的发祥地。德化瓷最早可以追溯到新石器时代，唐宋时期开始慢慢兴起，明清时达到了鼎盛期。德化瓷技艺独特，至今传承未断，为中国制瓷技术的传播和中外文化交流做出了贡献。

唐宋时期，景德镇的白瓷茶具和龙泉的青瓷茶具由泉州对外出口，对德化烧瓷影响很大。宋代时，德化已经能够生产精细的白瓷。

明代，德化窑的白瓷胎骨致密、透光度好，光泽明亮，乳白如脂，已经成为全国制瓷业中的佼佼者。当时的德化瓷艺人何朝宗利用当地优质的高岭土，使用捏、塑等八种技法制作出精美的德化瓷塑，釉色乳白，如脂如玉，色调素雅，成为中国白瓷的代表。

晚清以后，德化瓷业每况愈下。中华人民共和国成立后，德化瓷业获得新生，在继承前人的优秀技法和风格的基础上，不断创新发展，使德化瓷烧制技艺重新焕发光彩。

三、龙泉青瓷

龙泉青瓷起源于南朝，当时的人们利用当地优越的自然条件，吸取越窑、婺窑、瓯窑的制瓷经验，开始烧制青瓷。但这一时期，龙泉窑业规模不大，操作简单，制作也相当粗糙。

北宋时期，龙泉窑业的发展已粗具规模，胎壁薄而坚硬，质地细腻，呈淡淡的灰白色。该时期以烧制民间瓷为主，但也有部分上等瓷器被征为贡品。南宋时期，全国政治、经济中心南移，北方汝窑、定窑等相继衰落，而地处南方的龙泉窑进入鼎盛阶段，新的制瓷作坊大量涌现，产品质量也不断提高。

明清时期，随着封建社会的没落和闭关锁国政策的实行，龙泉青瓷逐渐衰落。直到新中国成立之后，龙泉青瓷才获得新生。

德化生产的瓷器茶具

紫砂茶具

紫砂茶具，由陶器发展而成，是一种新质陶器。陶器作为中国饮茶最早的用具之一，经历了从粗陶、硬陶、釉陶、紫砂陶等几个发展阶段。紫砂茶具很有特点，也很受欢迎，直到现在，仍然是人们泡茶最喜欢用的茶具。

紫砂茶具的发展

紫砂茶具始于宋代，盛行于明清，留传至今，仍然是泡茶的主要用具。北宋梅尧臣的《依韵和杜相公谢蔡君谟寄茶》说道："小石冷泉留早味，紫泥新品泛春华。"这里面说的就是紫砂茶具在北宋刚开始兴起的情景。

紫砂茶具

明代紫砂茶具已非常出名，其中最著名的当属宜兴紫砂茶具。这一时期出现了李茂林、时大彬等许多著名的制壶专家，紫砂壶的造型艺术也呈现出色彩纷呈、各具特色的态势，这也从侧面反映出明代紫砂工艺已经取得了很大的成就。

清代，紫砂茶具进入了鼎盛时期，并逐渐发展成贡品。当时的紫砂茶具在造型上又有了很大的突破和创新，尤其是在仿生技巧方面，更是达到了炉火纯青的地步。嘉庆、道光年间，还出现了独树一帜的文人壶。文人壶的出现使得紫砂茶具不只简单地作为饮茶的工具，而是本身就有了艺术内涵。许多紫砂茶具成为了紫砂艺术品。清末，紫砂茶具总体走向衰落，但仍有一些制壶名家潜心钻研，使紫砂茶具在实用的基础上得到了发展。

紫砂茶具的特点

从材质上看，紫砂茶具在高温下烧制而成，坯质致密坚硬，既耐寒又耐热，直接注入热水或直接用来煮茶皆不会引起破裂。而且紫砂茶具传热性慢，持壶倒茶也不易烫手。从茶水效果上看，用紫砂茶具泡茶，茶水不失原味且能阻止香味四散，保留真香，久放也不易变质。但是，紫砂茶具也有缺点，由于紫砂茶具受色泽的限制，用它泡茶时，很难欣赏到茶叶上下浮动的美姿和汤色。

紫砂茶具的选购

紫砂壶虽然很受欢迎，泡出的茶汤也很有特色，但是市场上的紫砂壶也是优劣并存，那么如何选择一个好的紫砂壶呢?

第一，看色泽。天然的紫砂泥素有“五色土”之称，本身含有大量的金属成分，用这种材质烧制的紫砂茶具多以紫红色为主，另外还有栗紫色、褐紫、黛紫等。因此，在选择时，不能选择颜色过于鲜艳的，因为鲜艳的泥料大多添加了化学原料，不纯正。

第二，摸质感。紫砂土内含有相当比例的砂质，摸上去手感舒适，与肌肤接触感觉很温润。而一些劣质的紫砂茶具表面看起来光滑，实质上抓在手里就会感觉很涩腻。

第三，听声音。正品声音清脆，劣品声音发闷。正宗的紫砂茶具经人工制作而成，需要制作者多次捶击、整压，因此，烧制成型后敲击的声音比较清脆。劣质的紫砂茶具一般泥料未经挤压，也未经艺人的手工制作，因此缺少情韵，敲起来声音会发闷。

紫砂茶具的养护

作为一种源于生活而又高于生活的物品，紫砂茶具不仅仅是茶的载体，更是一件生活艺术品，既方便使用，又能够陶冶性情。因此，在使用过程中，必须对紫砂茶具加以保养。

紫砂茶具应常放于空气流通处，不能放在高温闷热的地方或将其包裹、密封，也不宜使其接触油污，要保持紫砂茶具的结构通透。

泡茶时，应先“润壶”，可以用沸水浇壶身外壁，然后再往壶里冲水。壶内不能长期浸水，应到泡茶时再冲水。

用完后，要常用棉布擦拭壶身，不要将茶汤留在壶面，否则时间久了会堆满茶垢，影响紫砂茶具的品相。另外，用完后壶盖应该侧放，不能将壶盖紧紧地盖住，保持壶内干爽，不积存湿气。

紫砂茶具泡一段时间要有“休息”的时间，最好多备几个好的紫砂壶，喝某一种茶叶时只用指定的一个壶，这样不仅可以保证每一种不同茶水的原味，而且有利于延长壶的寿命。

紫砂壶的起源与发展

长久以来，紫砂壶一直是人们最为推崇的泡茶器具。它优良的实用功能，在明清两代的文献中皆有所记载。紫砂器具的历史可上溯到春秋时期的越国大夫范蠡，已有两千四百多年的历史。从明武宗正德年间以来，紫砂开始制成壶，名家辈出，五百年间不断有精品传世。关于紫砂壶的起源，较为普遍的说法是明代正德、嘉靖年间的供春是紫砂壶的创始人。他跟随主人在金沙寺读书时，从金沙寺僧那里学得了制作紫砂壶的技艺并使之广为留传。后来，供春将紫砂壶艺传于时大彬。时大彬又传于弟子徐友泉、李仲芳，师徒三人并称为万历以后的明代三大紫砂“妙手”。

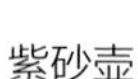

紫砂壶

清代紫砂壶仿品

紫砂壶经过长期的发展，到了明末清初时，陈鸣远、惠孟臣等紫砂名家使紫砂壶的造型更加生动、形象、活泼，使传统的紫砂壶变成了有生命力的雕塑艺术品，充满了生气与活力。同时，还发明在壶底书款、壶盖内盖印的形式。清代中叶嘉庆、道光年间的陈鸿寿和杨彭年把诗文、书画与紫砂壶陶艺结合起来，在壶上用竹刀题写诗文、雕刻绘画，随心所欲地即兴设计了诸多新奇款式的紫砂壶，为紫砂壶创新带来了勃勃生机。陈鸿寿与杨彭年的合作，堪称典范。

近代，顾景舟老先生是最为著名的紫砂大师，他潜心紫砂陶艺六十余年，技术已达到炉火纯青、登峰造极的地步。新中国成立后，紫砂壶七老艺人中除了顾景舟，还有任淦庭、吴云根、朱可心、裴石民、王寅春、蒋蓉等六人。当代紫砂代表人物如徐秀棠、徐汉棠、鲍志强等也各自身怀绝技、技艺精湛，制作与设计各有专长，皆为一时俊才。

紫砂壶的泥料

紫砂壶之所以具有良好的实用功能和艺术审美价值，是因为所用泥料的特殊性。紫砂泥雅称“富贵土”，主要分为三种：紫泥、绿泥和红泥。紫砂泥主要产自广东大埔和江苏宜兴。可以烧制紫砂壶的泥一般深藏于岩石层下，泥层厚度从几十厘米至一米不等。根据上海硅酸盐研究所有关岩相的分析表明，紫砂黄泥属高岭—石英—云母类型，含铁量很高，最高含铁量达 8.83%。紫砂壶在高氧高温状况下烧制而成，一般采用平焰火接触，烧制温度在 1100℃—1200℃之间。紫砂壶成品的吸水率大于 2%。

紫色泥料紫砂壶

紫砂壶的分类

紫砂壶的发展历史久远，从明代以来，无数制壶名家皆制作了许多紫砂壶。这些紫砂壶造型不一，种类多样。根据不同的分类方法，紫砂壶的分类也有所不同。

一、按工艺分

1. 光身壶

光身壶是以圆为主，在圆形的基础上加以演变，用线条、描绘、铭刻等多种手法来制作的一种常见壶形，该壶形可以满足不同藏家的爱好。

2. 花果壶

花果壶是以瓜、果、树、竹等自然界的物种为题材，加以艺术创作而制成的壶形，其最大的特点是充分表现出自然美和返璞归真的原理。

3. 方壶

方壶是以点、线、面相结合的造型。来源于器皿和建筑等题材，以书画等当作装饰手段。壶体庄重稳健，刚柔相间，更能体现人体美学。

4. 筋纹菱花壶

筋纹菱花壶俗称“筋瓤壶”，是以壶顶中心向外围辐射有规则线条之壶，竖直线条叫筋，横线称纹，故也称“筋纹器”。

5. 陶艺壶

陶艺壶是一种似圆非圆、似方非方、似花非花、似筋非筋的形体较抽象的壶，可采用油画、国画之图案和色彩来装饰，兼有传统和非传统的陶瓷艺术，形态较为奇特。

二、按行业分

1. 花货

花货是一种采用雕塑技法或浮雕、半圆雕装饰技法随意捏制而成的自然形茶壶。将生活中所见的各种自然素材的形态以艺术手法设计成茶壶造型，诸如松树段壶、竹节壶、梅干壶、西瓜壶等，不仅具有浓厚的生活气息，而且富有诗情画意。明代供春所制的树瘩壶是已知最早的花货紫砂壶。

2. 光货

光货是一种壶身为几何体、表面光素的几何形紫砂壶。光货又可分为圈货、方货两大类。圈货是茶壶的横剖面为圆形或椭圆形的紫砂壶，圆壶、提梁壶、仿鼓壶、掇球壶等皆是圈货。方货是茶壶的横剖面为四方、六方或八方等方形的紫砂壶，僧帽壶、传炉壶、瓢梭壶等皆是方货。

3. 筋货

筋货是一种以自然素材，如生活中所见的瓜棱、花瓣、云水纹等为样本创作出来的壶器造型样式。这类壶艺要求口、盖、嘴、底、把都必须做成筋纹形，使其与壶身的纹理相配合。这也使得该工艺手法达到了无比严密的程度。近代常见的筋纹器造型有合菱壶、丰菊壶等。

紫砂壶为何深受喜爱

紫砂壶之所以被人们所喜爱，是因为它的泡茶效用及自身独有的特点。

第一，茶味好。用紫砂壶泡茶，不会有茶具本身所带的异味，色、香、味俱佳，而且保味功能好，茶香不易涣散。

第二，耐冷热。紫砂壶独特的泥质及烧成技术使其急变性能好，不会因过冷或过热而使壶器受损，而且可以用火直接加热。

第三，经久耐用。紫砂壶不仅可以泡茶，而且用其存储的陈茶也不会变味，因为紫砂壶的陶质壶盖有孔，能吸收水蒸气，不至于在盖上形成水珠。紫砂壶即使久置不用，也不会有宿杂气，只要用时先满贮沸水，立刻倾出，再浸入冷水中冲洗，元气即可恢复，泡茶仍得原味。

第四，紫砂壶使用很久之后，壶壁会积聚很多“茶锈”，以至空壶注入沸水，也会茶香氤氲，这与紫砂壶胎质具有一定的气孔率有关，是紫砂壶独具的品质。

第五，紫砂壶长久使用，器身会因抚摸擦拭，变得越发光润可爱。

紫砂壶的鉴别方法

第一，看纹理。真紫砂壶的纹理清新、圆润，视觉有亚光的效果，有众多分布均匀的类似金属光泽的细小颗粒。一些手工壶内壁，有从中心圆点向四周的放射状线，这是在精细的加工工艺过程中才能形成的。

第二，摸质感。真紫砂壶摸上去的手感细腻、温润但不打滑，假紫砂壶手感粗糙或打滑。

第三，转壶盖。真紫砂壶的壶盖转动灵活流畅，并发出轻微“丝丝”或者“沙沙”的悦耳的声音，而假紫砂壶则会发出沉闷的“哧啦哧啦”声音。

第四，敲壶体。真紫砂壶的敲击声清脆而短暂，敲击的动作与声音同时停止，而假紫砂壶的敲击声沉闷而浑厚。

第五，鉴证书。真紫砂壶都有制作者用毛笔在宣纸上手写的书法俊秀的证书，好紫砂壶的增值更多地体现在书法和绘画的技艺及加盖印章上。另外，印章与紫砂壶底的落款一致。

第六，浇壶身。用水浇在紫砂壶上，如果没有形成明显的水珠，而且水是比较均匀的一片，并很快被紫砂吸收，则是真品紫砂壶。

紫砂壶的赏鉴

紫砂壶是紫砂茶具的代表。紫砂壶本身只是一种日常使用的陶质茶具，但它为什么会受到那么多人的喜爱呢？这是因为，在长期的历史发展中，紫砂壶已经不仅仅是一种实用的宜茶工具，而且是聚集了历代紫砂制作名家的智慧和精神的艺术品。

对于紫砂壶的赏鉴，如果抽象地来说，可以用“形神兼备、气势不凡、姿态优美”这十二个字来形容。具体地讲，紫砂壶首先应该具有良好的外表轮廓和面相，其次还应该有一种内在的精气神韵。虽然对于紫砂壶的赏鉴，每个人都有自己不同的看法，但鉴赏紫砂壶的要点可以用六个字来概括，即“泥、形、工、纹、功、火”。

泥

泥，即紫砂泥，是一种分子结构与其他泥不同的泥料。其实，紫砂壶之所以能够闻名于世，是由它所使用的制作原料紫砂泥的优越性决定的。紫砂泥的精粗优劣决定了紫砂壶的质量，因此，赏鉴紫砂壶首先评价的就是泥的优劣。紫砂泥有黑泥、深紫泥、浅紫泥、红泥、米黄泥、绿泥六种，泥色不同，视觉效果也不同。但由于紫砂壶是实用功能很强的艺术品，所以紫砂壶需要不断摩挲，让手感舒服，达到心理愉悦的目的。所以紫砂质表的感觉比泥色更重要。优质的紫砂泥色泽温润、古朴典雅、滑而不腻、手感良好。

形

形，即紫砂壶的器形。紫砂壶的形，是存世各类器皿中最丰富的了，素有“方非一式，圆不一相”之赞誉。但如何对这些器形进行赏鉴，也是仁者见仁，智者见智。有人重古拙，有人爱清秀，有人喜大度，有人求趣味，但最基本的要求是壶的使用功能与艺术造型相统一。好的紫砂壶的外形，固然对独创性、文化含量、艺术传达手法有一定的要求，但也必须注重壶的实用价值。因为紫砂壶首先是一种泡茶用具，如果脱离了使用功能，那么即使壶的外形很美，也不能称为优质壶。因此，只有外形的独特性和基础的实用性完美结合的紫砂壶，才是最值得赏鉴、最有价值的壶器。

红泥紫砂壶

浅紫泥紫砂壶

深紫泥紫砂壶

工

工，即壶的制作工艺，同样器形的紫砂壶，由于做工不同，其价位和审美价值也会有天壤之别。紫砂壶造型复杂，壶体上的流、嘴、把、盖等皆须仔细考究。点、线、面，是构成紫砂壶形体的基本元素，在紫砂壶的成型过程中，必须交代得清清楚楚，犹如工笔绘画一样，起笔落笔、转弯曲折、抑扬顿挫，都必须交代清楚。

纹

纹，即紫砂壶的装饰，包括题名、印款、刻画等。鉴赏紫砂壶的纹包含两层意思：一是鉴别壶的作者是谁，或题诗镌铭的作者是谁；一是欣赏题词的内容、镌刻的书画及印款。紫砂壶的装饰艺术是中国传统艺术的一部分，它具有中国传统艺术诗、书、画、印四位一体的显著特点。所以，一把紫砂壶可看的地方除泥色、造型、制作功夫以外，还有文学、书法、绘画、金石诸多方面，能给赏壶人带来更多美的享受。

功

功，即紫砂壶的实用功能，是指紫砂壶在日常的使用过程中的一些表现。比如说，壶的容量大小是否合适，壶嘴的出水、断水是否干脆，壶把拿捏是否方便等。现如今，紫砂壶层出不穷，一些紫砂壶的制作者过于追求造型的优美华丽，而忽视壶本身的实用功能，于是就会出现壶器中看不中用的现象。因此，我们在追求紫砂壶的艺术美时，更要注重对实用功能的把握。

火

火，即紫砂壶的烧成质量。用火焙烧是紫砂壶制作的最后一道工序，因此在火候的把握上要尤其注意，过高或过低必然会影响紫砂壶的烧成质量。所以，在赏鉴紫砂壶时，可以从紫砂壶的胎质、表面的颜色和器表肌理效果等方面来对“火”进行评估。

金属茶具

金属茶具是指用金、银、铜、铁、锡等金属材料制作而成的饮茶器具，是我国最古老的日用器具之一。在古代，由于金属很稀少，所以比较昂贵，用来饮茶的金属器具也寥寥无几。如今，一些现代化的金属茶具被广泛使用。

金属茶具的发展

金属用具的历史可以追溯到殷商时期，那时的人们就已经开始使用青铜器盛水、盛酒。秦汉以后，随着茶业的发展，饮茶风尚的流行，茶具也逐渐从与其他饮具共用中分离出来。大约到南北朝时期，我国出现了包括饮茶器皿在内的金银器具。到隋唐时，金银器具的制作达到高峰。陕西扶风法门寺地宫出土的一套由唐僖宗供奉的镏金茶具，质量讲究，质地优美，可谓是金属茶具中罕见的稀世珍宝。

但是，从宋代开始，金属茶具受到了颇多的争议，人们对其也是褒贬不一。到了明代，由于人们饮茶方式的改变和陶瓷茶具的兴起，金属茶具开始渐渐消失。但作为贮茶器具，金属茶具仍以优越的密封性和良好的防潮性、避光性，深受人们的喜爱。现当代，一些现代化金属茶具被广泛使用，电插式的不锈钢壶、不锈钢保温杯等屡见不鲜。另外，在一些少数民族和功夫茶茶艺中，也能见到金属茶具的身影。

金属茶具

金属茶具的特点

金属贮茶器具的密闭性要比纸、竹、木、瓷、陶等好，并且具有较好的防潮、避光性能，这样更有利于散茶的保藏。因此，金属茶具常以贮茶器具，如锡瓶、锡罐等的形式出现。

金属茶具特别是金银器，外形较为美观、亮丽，可以说是一种财富的代表，身份、地位的象征。作为收藏品，金银器等金属茶具很有收藏价值。

但是，金属茶器比较昂贵，所以古代的下层民众根本用不起。而作为泡茶工具来说，金属茶具历来被许多人认为会改变茶的原味，所以不适合泡茶。

金属茶具的分类

一、金银茶具

金银制品在商代已经出现，春秋战国时期已有金银镶嵌工艺。唐代是我国金银器发展史上的第一个高峰期，大量金银矿被开发出来，同时，金银器的加工工艺也有了很大的突破。唐代的金银茶具已有很多，最出名的属陕西法门寺出土的镏金茶具。宋代金银器轻薄精巧、典雅秀美，清代的则较为华丽。金银茶具比较昂贵，下层民众享用不起，属宫廷茶具。

镏金茶具

二、锡茶具

中国锡器始于明代永乐年间，主要产于云南、广东、山东、福建等地。锡器平和柔滑的特性，高贵典雅的造型，历久弥新的光泽，历来深受各界人士的青睐。高档茶叶都是用锡器包装的。锡罐储装茶叶，密封性好，保鲜时间长，已被公认为茶叶长期保鲜的最佳器皿。用锡器泡茶，也可以避免茶香外溢，可以保持茶的原味并长久保持茶香。

锡茶具

三、铜茶具

中国的青铜器源于新石器时期，到了商周时代，中国已经进入青铜时代，那时的王公贵族已经开始使用青铜器具盛水饮酒。后来，茶具与饮具等分离，专用的青铜茶具也开始出现。但随着瓷器茶具的发展壮大，铜器茶具逐渐衰退。现当代，虽然制铜技术不断进步，但人们更多使用的是不锈钢制品，铜器茶具已不再常见。

四、铁茶具

铁茶具价格比较低廉，是金属茶具中应用较多的一种。用铁茶具泡茶可以提升口感。因为使用铁壶煮过的水含有二价铁离子，所以会出现山泉水效应，从而有效地提升茶水的口感。另外，饮水、烹调使用铁壶，还可增加铁质的吸收，铁质为造血元素，适当饮用除了可以补充人体需要的铁，还能预防贫血。但在现代，由于铁壶的制作较为麻烦，因此用得也很少。

铜茶壶

铁茶壶

金属茶具的选购

在选购金属茶具时，要注意两点。其一，如果购买的金属茶具以泡茶为主要功用，则应仔细观察每一个接口处是否嵌接紧密，茶具整体线条是否流畅。其二，如果购买的金属茶具主要用来储茶，则最应注意其密封性是否良好，可以打开茶具的盖子闻一闻，看是否有异味。

金属茶具的鉴赏

金属茶具中的金银茶具，历史悠久，制造技术精湛，具有珍贵的历史价值和艺术价值，是一个很值得鉴赏的对象。金银茶具主要用纯金、纯银、银质镏金等制成，既坚固实用又精美华丽。金银茶具的装饰手法非常多，镌刻技术的应用，使金银茶具的纹饰绚丽多姿，大大增强了器物的艺术性和观赏性；镶嵌技术的使用，使器身上的宝石、珠、玉等饰品惟妙惟肖，使金银茶具显得绚丽异常。

金属茶具的养护

金属茶具和其他材质的茶具一样，在使用过程中都要注意保养。金属茶具的养护尤其要注意以下几点：

第一，和紫砂壶一样，在使用金属茶具泡茶时，应注意壶内外的温度差。如果温度差过大，应采用先暖壶、再冲泡的方法，使金属茶具受热均匀。

第二，金属材质的特性决定了金属茶具很容易被腐蚀，因此，每冲泡完一次茶时，应及时将茶具清洗干净，不要留下任何茶渍或其他残留物，以免腐蚀金属。

第三，金属材质容易与化学类的洗涤剂发生一定的化学作用，可能会产生对人体有害的物质，因此在清洁金属茶具时，需用柔软的干布轻轻地擦拭。

第四，存放金属茶具时，要将茶具烘干或擦干，不要存放在有腐蚀性气体和潮湿的地方，避免金属生锈，影响泡茶的质量和外部美观。另外，不要将金属茶具与其他坚硬的物体一起存放，以防因相互碰撞而导致金属茶具外表损坏。

银茶具

漆器茶具

漆器茶具是指采割天然漆树汁液进行炼制，在炼制过程中加入所需色料而制成的一种茶具。比较著名的有北京雕漆茶具、福州脱胎茶具、江西鄱阳等地生产的脱胎漆器等，均绚丽夺目，具有独特的艺术魅力。

漆器茶具的发展

漆器的发展可以追溯到距今约七千年前的浙江余姚河姆渡文化，那时就已经发现了作为饮器的木胎漆碗。至夏商以后，漆制饮器就更多了。但尽管如此，作为供饮食用的漆器，包括漆器茶具在内，在很长的历史发展时期中，一直未曾形成规模生产，有关漆器的文字记载不多。直到清代，漆器茶具才崭露头角，脱胎漆的产生，更是促进了漆器茶具的发展。

当代，脱胎技术得到了继承和发展。脱胎漆器茶具的制作精细复杂，先要按照茶具的设计要求，做成木胎或泥胎模型，上面需用夏布或绸料以漆裱上，再连上几道漆灰料，然后脱去模型，后再经填灰、上漆、打磨、装饰等多道工序，最终成为古朴典雅的脱胎漆器茶具。福建生产的漆器茶具多姿多彩，“宝砂闪光 ”“金丝玛瑙”“仿古瓷”“雕填”等均为脱胎漆器茶具。

一色漆器茶具

漆器茶具的特点

从外观上看，漆器茶具一般比较小，轻巧美观，外表色泽光亮，以黑色为主，也有棕黄、棕红、深绿等颜色，整体上给人一种绚丽夺目的感觉。

从材质上看，漆器茶具是由天然漆树的汁液炼制而成的。因此，漆器茶具耐高温，在茶具本身冰冷的情况下也可直接注入茶水；不怕水浸，可以长时间将茶水贮存在茶具中；耐酸碱腐蚀，可以直接将其置于酸性清洗液中浸泡，以清理掉茶垢。

从价值上看，漆器茶具不仅具有实用价值，而且还有相当高的艺术欣赏价值。一些器具将书画等与之融为一体，饱含文化意蕴。尤其是福州生产的“宝砂闪光”“金丝玛瑙”“釉变金丝”“仿古瓷”等品种，外形美观，质地优良，常被鉴赏家收藏。

漆器茶具的选购

漆器茶具的种类很多，有一色漆器茶具、描金漆器茶具、描漆漆器茶具、雕填漆器茶具、犀皮漆器茶具、款彩漆器茶具、脱胎漆器茶具等。不同的漆器茶具有着不同的特点，因此，在选购时应根据所购买品种的不同进行挑选。

一色漆器茶具，即整个器物呈单一色彩，没有任何纹饰的漆器茶具。此类漆器茶具在购买时，应注意观察器物表面的光滑度和色泽的均匀度。若要购买整套茶具，还应注意整体上的色彩和光泽的和谐一致。

漆器茶具

描金漆器茶具，即器物表面用金色来作为主要描绘纹饰的漆器茶具。此类茶器购买时的重点应该放在金色的线条上，需观察金色的线条是否流畅，有无描色不均等现象。

描漆漆器茶具，即用稠漆或漆灰堆出花纹的漆器茶具。此类茶具可从

犀皮漆器茶具

堆出的花纹、图案、造型等方面进行选购。若所堆出的花纹自然、图案清晰、造型别致，则说明是正品的描漆漆器茶具。

犀皮漆器茶具，即在漆面做出高低不平的地子，上面逐层涂饰不同色漆，最后磨平，形成一圈圈的色漆层次的漆器。此漆器最大的特色在于器物表面色圈的层次感，因此在购买时要仔细观看漆涂得是否平滑均匀，色圈是否分明。

脱胎漆器茶具，即用生漆将丝绸、麻布等织物糊贴在泥土、木或石膏制成的内胎上，裱贴若干层后形成外胎，然后脱去内胎，取得中心空虚的外胎，再将外胎作为器物胎骨而制成的漆器茶具。在选购脱胎漆器茶具时，应注意质地是否轻巧，色泽是否自然和谐，造型是否别致。

漆器茶具的养护

在日常生活中，漆器茶具颇受人们喜爱。因此，为了使收藏的漆器茶具能够长久地保持原有的风采，应该对其进行有效的保养。漆器茶具的保养应注意以下四点：

第一，恒定的环境。漆器不适宜温度和湿度的剧烈变化，适宜放在温度和湿度恒定的环境内。

第二，轻拿轻放。漆器茶具比较脆弱，在使用时要轻拿轻放，避免剧烈的震动。不要将漆器茶具与其他坚硬、锐利的物体碰撞或摩擦，以免造成损伤。

第三，防止湿气影响。漆器茶具应该放置在距离地面较远的地方，以避免因吸收地面湿气导致茶具脱漆发霉。同时，阳光曝晒也会使漆器出现变形、断裂。

第四，注意防尘。如果漆器表面有灰尘沉淀，可用棉纱布擦拭，以保持清洁美观。

竹木茶具

竹木茶具是指使用竹子、木材等天然材质，手工制造而成的饮茶用具。在我国古代历史上，在许多农村地区和茶区，由于人们的经济条件有限，很多人都使用竹木茶具来泡茶。在现代社会，竹木茶具已很少见，但仍有使用者。

竹木茶具的发展

在中国饮茶史上，竹木茶具一直在农村地区扮演着重要的角色。隋唐以来，随着中国茶业的发展，饮茶逐渐流行。当时的饮茶器具虽然很多，但金银器等金属茶具价格昂贵，非王公贵族不能使用；陶瓷茶具的数量虽然大大增多，但下层民众仍然消费不起。因此，价格低廉的竹木茶具就成了民间的主要饮茶器具。唐代的陆羽在《茶经·四之器》中记载的二十八件茶具，多数是用竹木制作的。到了清代，四川出现了一种竹编茶具。现代社会，竹木茶具仍然有所应用。

竹木茶具

竹木茶具的特点

从生产过程看，竹木茶具所使用的材料易得，以手工制作为主，方便快捷，同时，泡茶后不易烫手。

从泡茶效果看，用竹木茶具泡出的茶水无污染，不会改变原来的味道，对人体没有害处，可以放心使用。

从外形看，竹木茶具尤其是竹编茶具，不但色调和谐，美观大方，而且能保护内胎，减少茶具的损害。

另外，一些竹木茶具不仅具有实用价值，还有很高的欣赏价值。例如，黄杨木罐和二簧竹片茶罐，既是一种实用品，又是一种馈赠亲朋好友的艺术品。现在多数人购置竹编茶具，不是为了使用，而是看重它们的收藏价值。

竹木茶具的选购

竹木材质的特殊性决定了在选购竹木茶具时应该注意的地方。

首先，仔细查看器物内外。购买竹木茶具，首先要看竹木材质的质地是否细腻柔润，内外是否有因存储不当而发生霉变的现象。

其次，仔细抚摸器物表面。用竹木材质制成的茶具，如果做工不精细，容易导致茶具上有刺头或尖锐的地方。这些弊病不仅影响竹木茶具整体的美观和质量，而且在使用过程中，容易刺伤使用者的手掌。

最后，品鉴雕刻工艺。竹木茶具上一般都施以不同的工艺，这些都是使竹木茶具更有价值的因素。因此在选购过程中，必须仔细观看茶具的雕刻工艺是否精细，是否存在偷工减料的情况，以免上当受骗。

竹木茶具的养护

竹木茶具在日常的养护过程中应注意的有以下几点：

第一，温度恒定。竹木茶具在使用过程中应尽量避免冷热温度的骤变，特别是竹质茶具，受到骤冷骤热的刺激很容易产生爆裂现象。因此，竹木茶具在使用前应先用热水温润。

第二，湿度适中。竹木材质长期放置在潮湿的环境中容易出现发霉、腐烂等情况。过于干燥的环境也不利于竹木茶具的存储，因为竹木的材质长期干燥会变形，像竹质茶海，最好保持湿润，一旦长期干燥，很容易干裂变形。

第三，经常清洗。竹木茶具和其他材质的茶具类似，在使用过程中要注意定期清洗保养。因为在冲泡之后，茶具中残留的水分或茶渣很容易腐蚀茶具。

竹茶壶

其他茶具

中国的茶文化历史悠久、博大精深，饮茶用具也丰富多彩。除了以上撰述的茶具外，中国历史上还有用玉石、水晶、玛瑙等材料制作的茶具，但总的来说，这些茶具在中国茶具发展史上仅居次要地位。

搪瓷茶具

搪瓷起源于古埃及，元代时传入我国。明代景泰年间（1450—1456）创制了珐琅镶嵌工艺品景泰蓝搪瓷茶具。清代乾隆年间（1736—1795），景泰蓝搪瓷茶具开始由皇宫传到民间，这也标志着我国搪瓷工业的开始。

进入20世纪，我国才真正开始大规模生产搪瓷茶具，20世纪50年代开始在我国流行，至今仍然有很多人用它来饮茶。

仿瓷搪瓷茶具

搪瓷茶具是一种在金属表面附以珐琅层的茶具制品，多以钢铁、铝等为坯胎，涂上一层或数层珐琅浆，经干燥、烘烧烤制而成。搪瓷茶具的特点有：

搪瓷茶具种类较多，形态各异。有的仿瓷茶具洁白光亮、细腻圆润，与瓷器茶具不相上下；有的花茶杯有网眼或彩色加网眼作修饰，而且层次明晰，具有比较强的艺术感；另外还有造型别致、轻便、做工精巧的蝶形茶杯与鼓形茶杯，以及用来盛放茶杯的彩色茶盘等。

搪瓷茶具具有一定的保温功能，并且不易破碎，携带方便。质地坚固耐用、图案清晰、不易腐蚀，使用铁作为材料制成，用来泡茶对人体没有危害。

但是搪瓷茶具也有很明显的缺点，铁质的材料决定了它本身导热性好，容易烫手，也容易烫坏桌面。而且搪瓷茶具用久了或是不小心摔到地上，表层的搪瓷容易花掉，变得非常难看。

其他材质的茶具

一、塑料茶具

塑料茶具是现代社会的一种饮茶器具，但是塑料本身具有热力学特性，因此泡茶效果很差。如果塑料的质量过差，不仅气味难闻，而且还有可能对人的身体健康造成巨大的伤害。随着塑料工业的不断发展，塑料的质量有了很大的提高，已经达到了无色无味的要求。

二、不锈钢茶具

不锈钢茶具是现代社会使用最多的一种茶具，其中以不锈钢的保温杯最为常见。虽然应用广泛，但是不锈钢茶具的泡茶效果极差。它虽然基本上不传热，不透气，保温性强，有利于携带和长时间储水，但是开水冲入后易将茶叶泡熟，使得茶叶变黄，茶味苦涩，完全失去了茶叶的原有味道。

三、玉瓷茶具

玉瓷茶具是添加功能材料，经特殊烧制而自然形成的特殊瓷器。使用玉瓷茶具品茶可以使普通的水震荡成小分子水，使茶与水充分融合，茶水更香醇，还可以将体内代谢废物排出体外，提高水在人体内的代谢力、渗透力和溶解力。但玉较贵，使用极少。

四、石茶具

石茶具是用鸡血石、寿山石、灵璧石等色泽纹理合适的天然石块精心刻制而成，是一种工艺茶具。这种茶具不仅质地厚，保温性好，透气性强，不易变质，泡出的茶水味浓香醇，而且鲜艳的色彩和美妙的纹理使之具有很高的欣赏价值。但价格也很高，很少有人使用。

闻香识好茶：茶器珍赏

第三章

名家名具

金沙寺僧

金沙寺的一名普通僧人，因常与寺周围的陶工来往，学得了陶器制作工艺。据《阳羡茗壶系》记载，金沙寺僧是紫砂壶的创始人。

人物简介

对于金沙寺僧，人们了解得并不多。此人姓名不详，生卒年不详，明代周容的《宜兴茗壶记》认为他是万历年间（1573—1619）大朝山寺僧，最普遍的说法认为他是明代弘治、正德年间（1488—1521）人，在金沙寺出家为僧。金沙寺在江苏宜兴湖汶山间，湖汉镇的西南角，离鼎蜀镇约十余里，为唐相陆希贤之山房。

茶具特点

周高起所著的《阳羡茗壶系·创始篇》中说道："金沙寺僧，久而逸其名矣，闻之陶家云：僧闲静有致，习与陶缸瓮者处，抟其细土，加以澄练，捏筑为胎，规而圆之，刳使中空，踵傅口柄盖的，附陶穴烧成，人遂传用。"金沙寺僧制作的圆形壶器既不留款也不留印。传说金沙寺僧非常喜欢用紫砂泥壶，因此会有很多指纹留于壶上，这也是后世赏鉴金沙僧壶的重要依据。金沙寺僧制作的圆形壶器在当时很受欢迎，附近的工匠竞相效仿，使之广为留传。

金沙寺僧制作的壶器名声之大，还表现在作为吴家书童的供春，也曾经私下在金沙寺拜访僧人，学习他们制作茗壶的技巧和工艺。但是金沙寺僧的作品并未署款，所以后世人无法认定有何茗壶传之于世。《阳羡茗壶系·创始篇》认为他是紫砂壶的创始人，甚至还有人说四大名壶中的"无名壶"也是金沙寺僧制作的，但其真实性都无法考证。

茶具制作

金沙寺地处当时的制陶名地宜兴附近，因此寺周围有许多陶工，金沙寺僧生性喜好安静，平时也较为清闲，所以经常与他们来往，慢慢地从陶工处学得了一手熟练的陶艺。据推测，可能是当时人们喝茶正在改用壶泡，于是他就利用功课之余的时间，开始制作容量比较大的圆形壶器，这种圆形壶器的中间被挖空，并且带有出口、柄和壶盖。

供春

作为一名书童的供春，在金沙寺陪同主子读书期间，私下向寺内僧人习得炼泥制壶的本领，其制作的“供春壶”远近闻名，并留传于后世，被誉为紫砂壶的鼻祖。

人物简介

据《宜兴县志》和有关陶瓷的史料记载，历史上确有供春这样一位人物，大约生于明代正德年间。供春又叫龚春，明正德、嘉靖年间（1522—1566）人，生卒年不详，原为宜兴进士吴颐山的家僮。民间也留传着关于供春陪伴主子在金沙寺读书，后私访僧人学习制壶技艺，并最终制成天下名壶的故事。

茶具特点

款式多样，但传于后世者少。供春所制的名壶种类很多，他制作了“龙蛋”“龙带”“印方”“刻角印方”树罂壶和六瓣圆囊壶等。虽然这些供春壶很出名，但是供春的制品很少，因此留传到后世的更是凤毛麟角。

供春壶颇具文化气息。供春曾经仿照金沙寺旁大银杏树上树瘿的形状做了一把壶，并刻上树瘿上的花纹，烧成之后，这把壶非常古朴可爱，具有一定的文化意蕴，很合文人的心意。作为书童，供春每天所接触的人物以文人居多，因此他所制的壶器不可避免地带有一定的人文气息，也最早在文人中流行。

供春壶仿品

现藏中国国家博物馆的树瘿壶，就是供春所制壶的代表，它造型古朴，指螺纹隐现，把内及壶身有篆书“供春”二字。供春制作的紫砂壶“栗色周围，如古金铁”，使制壶水平大大提高，因而他被誉为紫砂壶的鼻祖。

陈仲美

陈仲美从景德镇到宜兴从事紫砂陶艺，为制壶工艺作出了巨大的贡献，被誉为宜兴历史上风格多样、制壶最多的三大名家之一。

人物简介

陈仲美，明万历年间人，祖籍江西婺源。陈仲美原是景德镇地区的一位制瓷高手，但后来离开景德镇，到了当时最为著名的紫砂陶制作地——宜兴，开始从事紫砂陶艺。他是很有创意的制壶专家，并且善于配置壶器用土，为紫砂陶艺的发展作出了一定的贡献，多被后人所仿效。

陈仲美紫砂壶仿品

制壶特点

在制作紫砂壶的过程中，陈仲美运用了一种独特的“重镂透雕”的紫砂技术，将瓷器工艺与紫砂陶艺巧妙地结合起来制作紫砂茶具。他喜欢用自然界的花果草虫入壶，形神逼真，呼之欲出，给人一种活灵活现的真实感。在紫砂壶具成型之后，它还将款和印章一起施于壶底，这在制壶历史上是一个伟大的创举，并一直被后世制壶者所沿用。

代表作品

陈仲美制作的紫砂壶器种类很多，其中最具代表性的是束竹柴圆壶和三瓣盉形壶。束竹柴圆壶主体呈米黄色，以紫砂团泥为材质制成，砂质隐现不定，颇有趣味。该壶用年久风残的竹柴组制而成，壶身的壶嘴和把手皆用竹枝制作，其造型酷似自然界的一束竹柴。整个壶身从外表上看去显得平实，但是壶形逼真而具观赏性，细细品味则可见其优雅之处。该壶现存于香港茶具博物馆。

三瓣盉形壶制作于明万历年间，现收藏于香港中文大学博物馆内。该壶壶体粗壮，支撑壶身的三足长而美观，因此壶显得很高大。此外，该壶的泥色具金属感，整把壶显得形神兼备，古朴沉稳。该壶与徐友泉制作的仿古盉形三足壶相似，也是借鉴商周时期流行的青铜器造型制作而成的。其壶底所刻的“陈仲美”字样，是紫砂壶史上的先例。

陈用卿

陈用卿，一位人们不是很了解的人物，第一次将铭文刻于壶身并用行书取代了楷书，作品种类也颇多，是一位名副其实的制壶专家。

人物简介

对于陈用卿，人们只知道他俗名陈三呆子，生于明万历、崇祯年间，并不清楚他为何及什么时候开始制作紫砂壶器。虽然俗名叫陈三呆子，但此人在制壶方面一点也不呆。不仅不呆，而且很有创新精神。他亲自制作了许多有名的壶器，并留传于后世，被后世人所仿效。

陈用卿紫砂壶仿品

制壶特点

壶身刻有铭文。在陈用卿之前，一些制壶名家并没有将铭文刻于壶身的习惯，陈用卿是第一位将铭文刻于壶身的制壶专家，增加了茶壶作品的文人气。另外，在他之前，制壶者们皆喜欢在壶底用楷书刻制名款，而陈用卿开启了用行书取代楷书落款的先河。行书较楷书更具有观赏性和艺术价值，因此，这一变革也大大增加了后世壶器的艺术美感。

代表作品

陈用卿制作的紫砂壶器种类很多，其中最具代表性的是弦纹金钱如意壶。

弦纹金钱如意壶制作于明万历年间，该壶以紫砂团泥为主要材质，并掺有少量黄色砂砾，因此壶身整体呈紫褐色，给人一种庄重、质朴的感觉。该壶壶身造型丰圆，把手宽大圆滑，抓握方便；流口细滑呈鸟脖状，可以很好地防止茶水外泄；壶盖与壶身严丝合缝；足心阴刻“陈用卿制”四字两行行书款；壶身刻有铭文，字体为草书，这在多为楷体的明代紫砂壶历史上是十分特别的。

弦纹金钱如意壶是陈用卿的代表作品，也是明代早期紫砂壶的典型代表。这把紫砂壶设计十分巧妙，壶盖采用压盖式的设计，符合明代早期的紫砂壶特点——简洁质朴。该壶比例十分均衡，看起来很协调。此壶现藏于香港茶具博物馆内，堪称紫砂壶中的经典之作。

董　翰

董翰是明代制作壶器的“四大家”之一，其风格独特、构思新颖，是最早创造菱花式紫砂壶的名家，为当时和后世之人模仿。

人物简介

董翰，号后溪，明万历年间人，约于 1567 年出生，卒于 1619 年。董翰勤奋好学，博学广见，由他制作的壶器比较有个性特点，以巧闻名。是继供春之后的制作紫砂壶最为出名的专家，和赵梁、元畅、时朋一起被称为明嘉靖、隆庆年间（1522—1572）的制壶“四大家”。

董翰紫砂壶仿品

制壶特点

董翰所制作的紫砂壶器风格独特，和以往的壶器有明显的不同之处。他摒弃了金沙寺僧、供春以来壶器追求古老质朴、不加修饰、简单易制的风格，强调壶器应该注重器身的修饰和外形的独特性，因此，他制作的茗壶一般都比较新颖且精巧美观。清乾隆年间吴骞所著的《阳羡名陶录》中记载：董翰是最早创造菱花式紫砂壶的名手。

代表作品

明代周高起的《阳羡茗壶系》中记载：“董翰，号后溪，始造菱花式，已殚工巧。”所谓菱花式壶，是指在外形上仿菱角的四折瓣制造而成的八角壶。菱花式壶流口很光滑，具有很长的弯流。壶身把手的制作也较为精细，宽大且圆润，握在手中会有一种很舒服的感觉。壶身材质多以深栗色的紫砂泥为主，砂质极细，色调纯正。制出的壶器给人一种很独特的感觉。清代的制壶名家陈殷尚也以制作菱花式壶而出名，但与董翰的不同，陈殷尚的紫砂壶为菱花筋囊式，即将自然界中的瓜棱、花瓣分成若干等分的出筋纹纳入精确规范的壶体设计之中。

董翰首创的菱花式紫砂壶的外形，在唐镜和宋碗中也可以见到，留传于后世的作品很少，有一定的价值。而且，有人认为，此种菱花式紫砂壶，很有可能就是 17 世纪和 18 世纪初期极为流行的筋纹器造型的紫砂壶的雏形。

赵 梁

赵梁，一位与董翰同时代的制壶名家，制壶“四大家”之一，以制作提梁式壶著称，据说其首创了明代砂壶中的提梁式壶。

人物简介

赵梁也作赵良，明嘉靖、隆庆年间江苏宜兴制壶的著名艺人，和同时代的其他三大制壶名家董翰、元畅、时朋并称为当时的制壶“四大家”。其中，董翰首创了外形风格独特的菱花式紫砂壶，而赵梁被认为是明代提梁式紫砂壶的首创者，其所创制的作品中，多提梁式的壶器。

赵梁壶仿品

制壶特点

赵梁所创制的壶器最显著的特点是在壶的顶端有一个方便手提的提梁。提梁一般由三条边组成，横跨在壶身两侧，与流口在一条直线上，主要作用是方便人们提壶倒茶。赵梁这一看似简单的创造，却对后世的壶器造成了很大的影响，后人制作壶器，大多都会加上提梁。另外，赵梁制作的壶器也以古老质朴、不加修饰、简单易制为主。

代表作品

赵梁制作的壶器风格不一，其中最具代表性的是提梁式的“赵梁壶”和普通的“长嘴狮子盖紫砂壶”。

赵梁壶高 20 厘米，宽 18 厘米，材质以紫砂泥为主，做工精细，整个壶身似鸭蛋一样圆润，壶器的紫红色给人一种古朴的感觉。流口三弯流，不仅外形美观，而且有利于防止茶水外漏。壶盖为圆饼状，上面镶有桃形钮。提梁扁平光滑，刻有字迹，制作精美。

长嘴狮子盖紫砂壶是赵梁的又一佳作。整个壶器呈现出一种颇具韵味的黄铜色，壶身上有大小不一的装饰物，其中以系着环铃的狮子头最为美丽。壶盖上也有狮子头作为装饰物。流口为直流，与壶身连接处最粗，越往上越细。把手弯成耳朵状，外形美观又实用。壶器底座部分为镂空制作，使整个壶器看起来更有特色。

李养心

李养心是继明代制壶"四大家"之后著名的制壶名家，以制作小圆壶著称于世。有资料记载，李养心是阳羡小壶之鼻祖。

人物简介

李养心，号茂林，江苏宜兴人，一说是江西婺源人，明嘉靖、万历（1522—1619）年间人，是明代制壶"四大家"之后著名的制壶名家。他擅作小圆壶，世称"名玩"，因其在家中排行第四，所以又以"小圆壶李四老官"得名。有资料记载，李养心是阳羡小壶之鼻祖。

李养心紫砂壶仿品

制壶特点

李养心制作的茗壶，质朴中带着艳丽，不加署款，仅朱书号记而已，在当时颇受欢迎。另外，李养心创造了一种匣钵封闭法，使紫砂壶避免沾上釉泪。据明人周高起考证，在李养心以前，由于制作紫砂壶的各家壶坯都要附入缸窑烧造，不用匣钵封闭起来，因此紫砂壶都会沾满釉泪。从李养心之后，壶乃另作瓦囊，闭入陶穴，因此很好地克服了紫砂壶沾染釉泪的弊端。

代表作品

明万历年间，紫砂壶大师李养心制作了一款名曰"菊花八瓣壶"的壶器，该壶是李大师的代表作品之一，目前收藏于香港茶具博物馆内。菊花八瓣壶采用菊花瓣作为筋囊，整个壶体分为很多部分，各部分之间有明显的界限，其形状酷似一瓣瓣的菊花。壶盖根据截盖式的概念进行设计，和壶身的筋囊风格相似，似乎是一个菊花花蕾盖在壶上，搭配非常完美。流口较短，并且为直流。菊花八瓣壶的器形十分工整，外形也颇为独特，其刚柔并济，风格高雅，是明代紫砂壶的代表作。

菊花八瓣壶代表了当时明代制壶的最高水平，尤其匣钵封闭法的应用，使紫砂壶的制作水平上升了一个档次，这是其对紫砂壶艺术的最大贡献。《宜兴县志》说："妍妙在朴致中，世称珍玩。"陈贞慧也在《秋园杂佩》中称他的作品风格独特，制壶技术在"大彬之上，为供春劲敌"。

时大彬

时大彬出身于制壶世家，其父亲是明代制壶“四大家”之一的时朋，有着深厚的家学渊源，他对紫砂壶的研究远超其父，其地位居于“壶家妙手称三大”之首。

人物简介

时大彬，号少山，明万历至清顺治年间宜兴人，宋尚书时彦裔孙，明代制壶“四大家”之一时朋之子，有着深厚的家学渊源。时大彬是一位紫砂壶天才，他对紫砂壶的泥色、形制、技法、铭刻等都有独到的见解，有相当多的研究和杰出的创造，确立了至今仍为紫砂业沿袭的泥片镶接那种凭空成型的高难度技术体系。

时大彬紫砂壶仿品

时大彬的创作态度极其严肃，每遇不满意的作品，即行毁弃。他一生所制作品数以千计，留传极广。时大彬继供春之后，创制了许多制壶专用工具，创制了许多壶式，并培养了李仲芳、徐友泉等一批徒弟。承上启下，发展了紫砂艺术。时大彬在紫砂壶艺术方面的成就远远超过了他的父亲时朋，创作了被许多人认为是“前后诸名家并不能及”的佳品，其地位居于“壶家妙手称三大”之首。

制壶特点

擅用陶土，但不拘泥于陶土。时大彬制壶以各色陶土为主要材质，但他又不拘泥于陶土，有时也会在陶土中加入砂土，陶土与砂土配合使用，使得壶器更见巧思。

早期以大壶为主，晚期以小壶为主。在制壶初期，时大彬主要是模仿供春制作大型壶器。但随着茶风盛行，对壶艺要求的提高以及文人对茶艺讲究小巧、精致之风的推动，时大彬本人在与游娄东和当时著名的文人太仓王世贞等交往品茶之后，逐渐改大壶为小壶，如圆壶、扁壶、梅花式壶等，使之更符合文人的美学趣味和茶艺要求。

壶身装饰少，多为素面。时大彬制壶绝少绘画装饰，壶面多以素面为主。就连当时最为流行的诗文刻铭也很少见，只有少数会在壶盖上有印花装饰。

另外，其制作方法多为捏造车坯。

代表作品

一、紫砂胎剔红山水人物图执壶

该壶高 13.2 厘米，口径 7.6 厘米，制作于明代晚期，以紫砂胎质为主，通体红漆，雕有山水人物纹样。该壶壶形为方体，四面开光，内刻单线回头天锦和方格“卍”字地锦，分别雕刻松荫品茗等山水人物图案，开光外刻龟背锦纹。壶盖面与肩部雕饰吉祥杂宝纹，盖钮雕作莲花形。壶柄与流口雕饰飞鹤流云纹。壶底髹黑漆，漆下隐现描红漆的“时大彬造”四字楷书款。

二、紫砂珐琅彩壶

该壶通高 10 厘米，口径 6.5 厘米，制作于清康熙年间，是以宜兴上等紫砂泥为胎质制作而成的圆体壶，流口曲流，环柄圆足。壶体饰有珐琅彩，壶体两面一面绘有荷花、一面绘有葡萄图案。壶盖面饰有深浅不一的绒花树叶纹饰，壶底钤有 “时大彬制”四字篆书款。壶器整体色彩艳丽、制作精细、工艺精湛，一副雍容华贵之态，实属罕见。

三、三足盖壶

该壶高 11 厘米，口径 7.5 厘米，现藏于福建漳浦县博物馆，为时大彬最早的一件作品。这件紫砂壶壶体呈栗红色，没有任何装饰。因使用的泥坯不纯，烧结后出现了梨皮样的黄白色小斑点。壶身做平底、圈足、鼓腹状，显得十分平稳。盖上的环纽样式做出三个状似大指的扁足作为装饰，并兼有放置壶盖的作用。圈足内平底上有楷书“时大彬制”四字。

四、六方壶

六方壶于 1965 年在扬州江都明代墓葬中出土，有关专家大多认为是时壶真品，现存于扬州博物馆。该壶高 11 厘米 ，口径 5.7 厘米，以红泥紫砂为主要胎质，因此壶体呈现一种紫红色。壶形制规整，壶体呈规则的六方形，棱角不是很明显，把手及流口皆为方形，只有壶盖制作为圆饼形。壶底也刻有“大彬”二字样的落款。

李仲芳

李仲芳是制壶名家时大彬的第一高足，其制品文巧精工，技艺精湛，以制作小圆壶而著称，有紫砂圆壶、梨皮泥壶等作品传于后世。

人物简介

李仲芳，生卒年不详，明万历年间宜兴人，一说是江西婺源人。他是著名制壶专家李养心的儿子。李仲芳还拜时大彬为师，并且是时大彬的得意门生。因此，从小在这样一个有制壶传统的家庭中生活，并有名师亲身传授，李仲芳在制壶方面的艺术成就很高，与其师在伯仲之间。

李仲芳紫砂壶仿品

制壶特点

作为时大彬的第一高徒，李仲芳擅长仿造师傅的作品，而且几近真品，常人难以辨别真假。李仲芳以制作小圆壶而出名，其制品文巧精工，技艺精湛。吴梅鼎在《阳羡茗壶赋》中评价李仲芳壶说："仲芳骨胜而秀出刀镌。"足见其制壶技法的精深妙绝。李仲芳还主张紫砂壶的制作应该更有新意，需以文巧的风格来代替简单朴素的做法。

代表作品

李仲芳的传世佳作中，以紫砂圆壶最具代表性。该壶通高 18 厘米，外口径 10.2 厘米，内口径 9.2 厘米，腹径 19.8 厘米，底径 10.5 厘米。该壶整体呈圆壶状，腹圆底平，流口为子母口，与壶身连接处粗，嘴处极细，壶身通体呈现紫褐色，表面有极细小的针状砂砾。此壶腹部竖排刻有隶书"白花浮玉碗，清浪泛金杯"之五言诗句和隶书"天启丁卯年"铭文，还有竖刻"荆溪李仲芳"名款的楷书字样，壶盖内竖排阴刻楷书"鸿记"名款。

除了紫砂圆壶，《茗壶图录》卷下第十三页记载有仲芳梨皮泥壶一具，壶底铭文署"万历戊午秋日，九月望日为叶瓮先生制。仲芳"十八字楷书款。香港艺术馆也曾刊出李仲芳所制的觚棱壶，壶底刻有"从来佳茗似佳人"，并署有"仲芳"楷书款。另外还有梨色中壶一具，壶大且圆，壶底署有"李仲芳"三字楷书。

徐友泉

徐友泉是制壶名家时大彬的又一得意弟子，他在壶器的造型艺术方面很有天赋，制作了多种款式的壶器制品，对紫砂工艺的泥色调配也作出了很大的贡献。

人物简介

徐友泉，生卒年不详，名士横，明万历年间宜兴人，也有人说他是江西婺源人。他虽然不是陶家出身，但其父深爱当时制壶名家时大彬的壶艺，并与之交往。因此徐友泉自小拜时大彬为师，并显示出他在造型艺术方面的天赋。徐友泉是一个很谦虚并有上进心的人，虽然自己在制壶方面成就已很大，但他并不满足。他很崇拜自己的老师，认为老师在制壶方面的造诣是自己永远无法比拟的。徐友泉的作品很多，其本人也深受好评。吴梅鼎在《阳羡茗壶赋》中说道："若夫综古今而合度，极变化以从心，技而近乎道者，其友泉徐子乎！"把徐友泉看作是制壶的集大成者、一代名家，可谓对其推崇备至。不仅如此，到了后世，还有人将徐友泉与他的老师时大彬相提并论，可见后世之人对徐友泉变化无穷的作品的喜爱和推崇。

制壶特点

擅于紫砂泥色的调配。徐友泉善于配合色土，泥色应用上有海棠红、朱砂紫、定窑白、冷金黄、淡墨、沉香、水碧、闪色、梨皮等各种色调。

擅于仿古铜器的制作。徐友泉还擅于制作仿古铜器壶，手工非常精细，能使壶盖与壶口的连接处密不透风。他所制的长爪兽形态的紫砂壶器，就是仿青铜器形制的代表作品之一，此壶在整体上显露出一种古拙的味道，在当时颇具盛名。

壶器款式多样，变化无穷。徐友泉在紫砂壶器的造型方面很有天赋，他所制作的紫砂壶形式多样，造型不一。他的制壶作品有汉方、扁觯、蕉叶、莲方、菱花、鹅蛋等诸种款式。文献曾评价他的作品："种种变异，妙出心裁。"

徐友泉紫砂壶仿品

代表作品

一、鼎式紫砂壶

鼎式紫砂壶高 8 厘米，李初梨捐赠，现收藏于重庆中国三峡博物馆。该壶以紫砂团泥为基本胎质制成，壶体呈现紫红色。壶腹处为圆壶饼状，壶盖为圆形，表面稍向上突出，底座较壶身小，壶体看起来很有层次感，给人一种很稳定的感觉。流口弯流，把手为方形制作，整个壶器很像古时用青铜制作的鼎，因此叫作鼎式紫砂壶。

二、仿古壶镎壶

仿古壶镎壶是徐友泉的又一代表作品，其最大的特色在于壶的造型。和徐友泉其他多数作品不同，仿古壶镎壶整体上呈圆柱形，而不呈普通的圆形或是方形，很符合徐友泉制壶千变万化的风格。该壶主要以紫砂泥作为胎质制作而成，通体呈紫色，制作精细，壶底署有“友泉”二字真书，是徐友泉的佳作之一。

三、仿古甭形三足壶

仿古甭形三足壶高 12.4 厘米，宽 8.2 厘米，制作于明万历年间，是仿青铜器“甭”的形式制作而成的，给人以古雅之感，现藏于美国华盛顿艺术馆。该壶与用来盛酒的酒器“甭”的外形很相像，底座用三足作为壶体的支撑，壶腹较深，有壶盖，有着直流的造型和标准的圆形壶嘴，使壶器看起来很有一种古朴的青铜器具的感觉，颇受欢迎。

四、褐砂中壶

褐砂中壶是一种较为质朴的壶器，以紫砂团泥为主要胎质制成，通体呈现出紫褐色。壶器整体构造小巧玲珑，造型也较为新颖，很符合徐友泉的制壶风格。该壶壶底镌刻有“戊午仲冬，徐友泉制”八字真书款。褐砂中壶在当时很受欢迎，留传后世也一直被视为珍宝。

欧正春

欧正春也是制壶名家时大彬的弟子，他以制造陶器而出名，又因所制造的瓷器形制多仿钧窑，因此又叫“宜钧”。

人物简介

欧正春，也被称作欧子明，生卒年不详，万历年间（1573—1620）宜兴人，一说是江西婺源人，是明代著名的制瓷工艺家。欧正春曾经拜制壶名家时大彬为师，擅长于制作宜兴陶器，对宜兴瓷器釉彩的贡献较大。

作品特点

宜兴窑所制造的传世作品中，仿哥窑和钧窑的皆有，北京故宫博物院藏有各式瓶、洗数件，与文献及清宫档案所记基本吻合。而欧正春所制造的陶器，形式多仿钧窑，外观精巧玲珑，造型古朴而规整。

元　畅

元畅是明代有名的壶艺家、陶艺家，与董翰、赵梁和时朋一起被称为明代制壶“四大家”，其留传于后世的作品很少。

人物简介

元畅，也作元（玄）锡、袁锡。关于他的姓氏，说法众多。周高起的《阳羡茗壶系》将其写作玄锡，陈贞慧在《秋园杂佩》中写作袁锡，吴骞《阳羡名陶录》和周嘉《阳羡茗壶图谱》中均写作元畅，现在大多随吴骞的说法。

作品特点

虽然是明代制壶“四大家”之一，其壶艺和陶艺技术都不可能低级，但是关于他的作品，后世的记载很少，有传闻他的代表作品为提梁圆壶，风格与赵梁壶很相像，但是他的作品至今未见记载，因此疑点很大。

沈君用

沈君用的制壶风格不仅承袭了欧正春一派，而且具有陈仲美的风格特点。他擅于调配壶土，作品生动逼真、玲珑剔透，具有很高的价值。

人物简介

沈君用，生于1621年，卒于1644年，名士良，江西婺源人，明天启、崇祯年间宜兴地区的制壶名家。沈君用出名很早，年幼时就已经掌握了精湛的工艺技巧，当时的人们将其称为“沈多梳”（多梳即还未束发成年之意）。但他因过度用脑而英年早逝。据文献记载：“巧殚厥心，亦以甲申四月天。”

沈君用紫砂壶仿品

制壶特点

沈君用的壶器制品以浮雕为主，其外形玲珑剔透，刻制的形象也很逼真，不仅具有实用价值，而且具有很高的艺术审美价值。沈君用对壶色也很有研究，并且善于调制制壶的用土，其“色象天错”烧成器皿，具“金石同坚”之美感。在制品的造型上，沈君用不讲求器皿的方正圆润，但是在一些边缘缝隙处用功很深，即所谓的“笋缝不苟丝发”。

代表作品

周高起在《阳羡茗壶系》中将沈君用制作的砂器称为神品，可见其制品的宝贵之处。但沈君用英年早逝，所以留传下来的制品并不多，《阳羡砂壶图谱》记载了沈君用的一件传世之器——红泥粗砂小壶。红泥粗砂小壶是沈君用的代表作之一，也是仅存的、有文献记载的沈君用的壶器制品。

红泥粗砂小壶与以往壶器最大的不同之处在于把反。该壶以红泥为主要胎质，并加入少量粗砂制成，壶器不大，流短，符合明代文人壶小巧玲珑的风格。该壶的制作工艺极为精细，每一处边缘及接缝处做得都非常考究。整个壶身玲珑剔透，给人一种质朴自然的感觉。壶底镌刻着“大明天启丁卯君用制”九字楷书三行。该壶充分体现了沈君用制作壶器的风格，是后世人研究其壶器必不可少的作品资料。

沈子澈

沈子澈是浙江桐乡制作茗壶、文具的名家，与制壶大家时大彬齐名，所制壶器典雅浑朴，巧夺天工，有长方壶、菱花壶等壶器传世。

人物简介

沈子澈，明崇祯年间人，祖籍浙江桐乡，是当地最为著名的制作茗壶和文具的大家，与制壶名家时大彬齐名。吴梅鼎在《阳羡茗壶赋》中称“子澈实明季一名手也”，足以说明他的制品影响很大。

沈子澈紫砂壶仿品

制壶特点

沈子澈的壶器制品种类很多，《桃溪客话》记载：“子澈胜国名手，至其品类，则有龙蛋、印方、汉瓶、僧帽、提梁 、苦节君、扇面方、芦席方、诰宝、圆珠、美人肩、西施乳、束腰菱花、平肩莲子、合菊……蝉翼、柄云、索耳、番象鼻、鲨鱼皮、天鸡、篆耳、海棠、百合、鹦鹉杯、葵花、茶洗、仿古花樽、十锦杯等，大都炫奇争胜，各有擅长，姑举其十一耳。”沈子澈的壶器制品典雅浑朴，巧夺天工，其制作上多仿效徐友泉，壶式也与其很相似。

代表作品

沈子澈制作的壶器很多，其中最具代表性的是留传后世的长方壶。长方壶，顾名思义，壶体以方形样式为主，把手、壶嘴、流等皆为方形，造型古朴典雅，新颖独特，壶底镌刻有“沈子澈制”阳文隶书方印。此壶是沈子澈的传世佳作。除了这具长方壶，在美国华盛顿弗里尔艺术馆内，还藏有一具沈子澈所制的葵花棱壶，该壶的造型也较为独特，上有“崇祯壬午”铭。

沈子澈还曾经为人制作过梨形菱花壶，这种壶多以紫黑团泥作为胎质制作，因此壶体以紫黑色为主。此壶呈梨形，下宽上窄，壶盖较厚且很美观。流口与把手几乎同高，整体给人一种很规整的感觉。此壶小巧玲珑，上面镌刻有铭文“石根泉，蒙顶叶，漱齿鲜，涤尘热”。也是沈子澈较为著名的制品之一，后世人多仿效之。

惠孟臣

惠孟臣是明天启、崇祯年间的制壶高手，所制的壶器大壶古朴，小壶精妙，最为常见的壶式是扁鼓形和梨形，他是使紫砂壶流行于欧洲贡献最大的制壶艺人。

人物简介

惠孟臣，号君德、思亭，晚年自号梦臣，明天启、崇祯年间江苏宜兴人。惠孟臣的姓氏和名号是从听泉山馆珍藏的白砂大壶中得知的，此壶底款有“天启丁卯年荆溪惠孟臣制”楷书十一字，人们以此知道了惠孟臣的名号，并且对于他的籍贯、大约生活年代有了较明确的断定。

惠孟臣紫砂壶仿品

代表作品

惠孟臣的壶器制品很多，有高身、梨形、鼓腹等小壶传世。惠孟臣最具代表性的作品是紫砂一滴壶，通高 3.8 厘米，底径 2 厘米，腹径和口径分别为 4 厘米和 2.8 厘米。该壶拥有梨形的壶身，将军帽式盖，圆口平沿无唇的流口，环形把手，前斜小流，鼓腹和收底。底沿向内微弧，不显圈足，全器光素滋润，呈褐红色，造型简朴精妙。整个壶以小巧玲珑而吸引人，给人一种清新自然的感觉。

制壶特点

大壶小壶皆有。惠孟臣制作的壶器很多，无论大壶、小壶皆有之。他所制作的大壶古朴典雅，小壶灵巧精妙，造型美观多样，后世仿效者甚多。

壶式多样，以梨形和扁鼓形为主。惠孟臣所制作的壶式有圆有扁，有高身、平肩、梨形、鼓腹、圆腹、扇形等，尤其是梨形壶和扁鼓形壶最具影响。17 世纪末，梨形壶随茶叶初次进入欧洲就很受欢迎，并对欧洲早期的制壶业产生了巨大的影响。

壶底分刻款和印款两种形式。惠孟臣所制壶器的印款一般是圆形“惠”、方印“孟臣”各一半。刻款最常见的是五言诗句或七言诗句加上签名款。例如，《阳羡砂壶图考》中记载有“云入津西一片明，孟臣制”；《茗壶图录》中也有“八月湖水平，孟臣制”的记载。另外，不只是诗句，也有签署堂名款者。

陈鸣远

陈鸣远是 17 世纪末到 18 世纪中叶最为出名的制壶名家，其以精湛的技艺和富有创造的精神闻名于世，有“壶隐”之称，是继时大彬之后制壶界的一代大师。

人物简介

陈鸣远，字鸣远，号鹤峰，又号石霞山人、壶隐，清康熙至雍正年间宜兴上袁村人，是几百年来壶艺和精品成就很高的紫砂名艺人。陈鸣远在紫砂壶制作方面的造诣很高，他在继承前人制壶经验的基础上勇于创新，制作了许多工艺精湛、品位较高的壶器，深受后世人的喜爱，被后人所仿效。

陈鸣远紫砂壶仿品

制壶特点

将诗文与壶器融为一体，开创了壶体镌刻诗铭之风。陈鸣远将紫砂壶的制作工艺与绘画、书法艺术结合在一起，在制壶时以中国传统的书法、绘画作为装饰品镌刻在壶器之上。这种做法不仅使原本苍白无味的素面壶体增添了许多色彩与生气，使紫砂壶具有了浓厚的人文气息，而且诗铭、书法和绘画的运用，把壶艺、品茗和文人的风雅之情融为一体，极大地提高了紫砂壶的艺术价值和文化价值，使其不再是单纯的饮茶用具，而成为了一件真正的艺术品，对后世的茶艺发展有着巨大的贡献。

重视自然形态的作品。陈鸣远不拘泥于前人对茶壶形制的设计，他突破了明末筋纹器为主的壶器形制，多以自然形体制壶，在茶壶的形态上更加随意、自然。因此，陈鸣远也成了今日“花货类”茶壶的鼻祖，并使花货茶壶崛起成为紫砂壶的重要形制。

用生活素材制作壶器。除了创造自然形体的茶壶外，陈鸣远还从日常生活中寻找了许多制壶的素材。他创制了紫砂半桃、核桃、落花生、板栗、石榴等仿生作品，栩栩如生，洋溢着浓郁的生活情趣，极大地丰富了紫砂陶除日用品外的纯艺术欣赏门类。

扩大了紫砂陶造型艺术的外延。陈鸣远把青铜器皿、文房雅玩也容纳到紫砂陶造型艺术中，如笔筒、瓶、洗、鼎、爵等，并使其达到了相当高的艺术水准。

代表作品

一、南瓜壶

南瓜壶高 10.7 厘米，容量 500 毫升，口径 3.3 厘米，现藏于南京博物院。该壶砂质温润，呈橘红色，壶嘴堆雕瓜叶，把手饰瓜茎纹，盖瓜蒂状。叶脉有巧夺天工、自然逼真的筋络，给人一种妙趣横生、亲切熟悉的感觉。壶身一侧刻有“仿得东陵式，盛来雪乳香”十字的楷书字样，刻款“陈鸣远”并有阳文隶书“陈鸣远”方印。

二、束柴三友壶

束柴三友壶是将松、竹、梅三干合在一起制成的壶器。壶身以似松、竹、梅的三树段束于一体，松鳞松针、竹节竹叶、梅枝梅花等都刻画得活灵活现，随意自然地聚集在一起，繁复而又有条理。壶把犹如虬屈的松枝，壶流犹如横生的梅枝，盖纽犹如一段竹节。壶身上的树干小洞中，还塑有两只小松鼠，壶底镌刻“陈鸣远”三字楷书款。造型绝美，浑然天成。

三、蚕桑壶

蚕桑壶高 6.7 厘米，宽 17 厘米，现藏于香港中文大学博物馆。该壶以白泥加上幼砂作为胎质，手感温润。壶体呈扁圆形，上部雕镂成蚕虫啮食桑叶的自然情景，下部素面无物，壶盖呈带桑枣的桑叶状，盖纽以一条卧于小桑叶上的全蚕制成。另外，该壶还以片叶卷成壶流，用桑枝做成壶把，整体的造型极为复杂、独特。壶底刻有“陈鸣远制”四字篆书方印。

四、松段壶

松段壶高 10.5 厘米，口径 8 厘米，现藏于宜兴陶瓷博物馆。该壶以上好的紫砂团泥为材质制成，壶体呈现古老苍松树皮质感。以一截松段做壶身，以老松枝制成壶嘴与把手，嵌入式的壶盖呈不规则形并有年轮效果，盖纽塑成开叉的松枝及松叶朵朵。壶器整体构造严谨，比例合理协调，气势古朴，形象逼真。壶底“鸣远”二字楷书刻款，下钤篆书“陈鸣远”三字方印。

惠逸公

惠逸公是清雍正、乾隆年间的制壶大师，他大小壶皆制，以巧闻名于天下，与明代的惠孟臣并称“二惠”，有四方朱泥壶等壶器留传于世。

人物简介

惠逸公，清雍正、乾隆年间人，是当时除了陈鸣远之外的又一制壶大师。他制壶不分大小皆制之，以做工精巧而闻名于世，制壶工艺和技巧可以和明代制壶名家惠孟臣相提并论，因此有人将他们并称“二惠”。惠逸公制作的壶器颇多，深受后人喜爱。

惠逸公紫砂壶仿品

制壶特点

惠逸公对制壶的形制没有要求，他大壶小壶兼制且各有特点。他擅于把握壶器的色调和泥质，所制的每一个壶器都兼备绝佳的色彩与泥质，且做工非常精巧。惠逸公还写得一手好书法，楷行草书皆通。他还擅长使用竹刀、钢刀等器具，因此在壶器的镌刻上更加飞舞或沉着。与惠孟臣的作品相比，他的作品在工巧方面更胜一筹，而在浑朴方面仍有不足。

代表作品

惠逸公的制品很多，其中以四方朱泥壶和汉方壶最具代表性。

四方朱泥壶高 8 厘米，宽 10.5 厘米，以朱泥为材质制成，色泽温润。该壶各面匀称规整，但不拘泥于固定的方形，壶体各处均以弧线处理，线条清晰流畅，壶流做成三弯流，壶盖向上拱起，并带有一颗较为突出的纽。整个壶体造型独特，变化多端，立体层次感很强，结构恰当合理。

汉方壶高6.8厘米，宽5.2厘米，用调砂朱红泥制成，艳丽秀雅。该壶仿效华凤翔的壶式制作，壶嘴与壶盖上的纽皆用粗砂细做成方形，壶口盖处理得很严密，比例拿捏精准，制作精细，工艺精巧。此壶为小型壶，器身较小却透露出一种灵气，泥色也非常奇特。壶底镌刻有“丁未仲冬惠逸公制”八字行楷铭款，书法精美，做工精细，是朱泥器中的罕见佳品。

陈曼生

陈曼生是中国清代篆刻家，不但精通金石书画，而且设计的紫砂壶也为人称道，是中国第二代紫砂壶大师的领军人物，由其主制的曼生壶对后世壶艺影响甚大。

人物简介

陈曼生，原名陈鸿寿，字子恭，号曼生、曼龚、曼公、恭寿等，清乾隆、嘉庆、道光年间钱塘（今浙江杭州）人。陈曼生是一个绝顶聪明的人，在政治和诸多艺术领域皆有很高的成就。他笃信佛教，酷爱紫砂壶。他曾在房中设立了一个巨大的壶器储藏室，平日里经常玩壶、赏壶，后来便邀请了一些制壶艺人和文人共同创制了名噪一时的“曼生壶”。

制壶特点

陈曼生精通书法和绘画，而且善于雕琢篆刻，因此他在制壶时经常在壶上用竹刀等题写诗文，雕刻绘画。而且，他还凭着自己在壶艺方面的天赋，突破了原有的壶形制式，设计了诸多新奇款式的紫砂壶，为紫砂壶的创新带来了新生机。他不很注重制作技术，更加追求紫砂壶的人文气息，最大的贡献是创制了名噪一时的“曼生壶”。

曼生十八式

古春式

古春式，铭文：“春何供，供茶事；谁云者，两丫髻。”此壶形体较高，壶身圆滑，线条清晰流畅，样式犹如盛酒的坛子一般。壶盖较宽大，与壶身连接紧密，壶嘴短而翘。

春胜式

春胜式，铭文：“宜春日，强饮吉。”此壶壶体呈方形，壶把手为圆形，光滑圆润，壶嘴较为独特，整体呈方形，与壶身连接处宽大，至流口处渐尖。

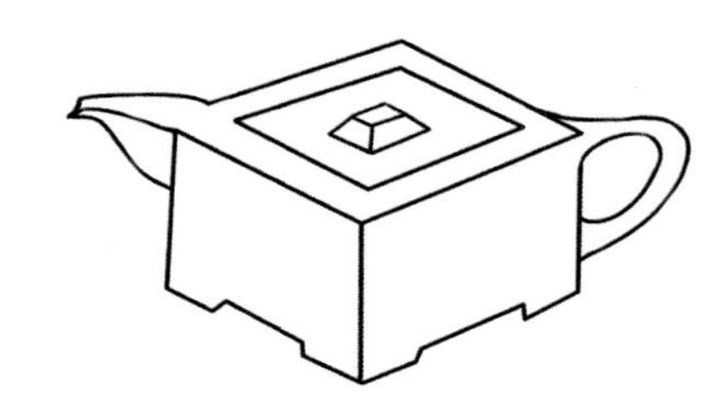

石挑式

石挑式，上题“挑之制，抟之工；自我作，非周种”。此壶与赵梁的提梁壶很相似。有故事云：曼生一日因身体不适在家休养，他的好友江听香听说后便登门造访。二人在交谈间提及古人饮茶用具多以石、铜、瓷为挑，于是听香就建议曼生以紫砂做成挑，曼生心里也早有此意，因此便提笔画出了这一“曼生十八式”之一的经典壶式。

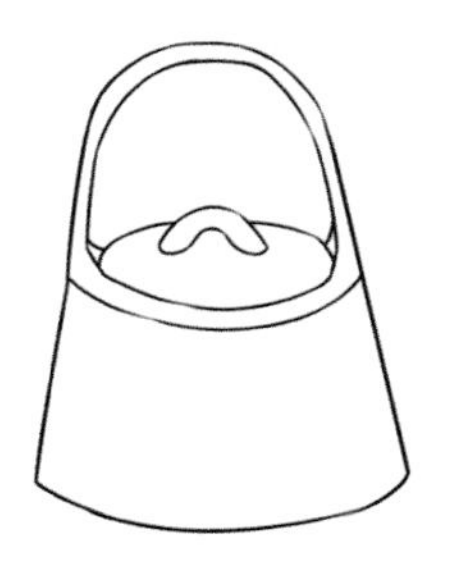

匏瓜式

匏瓜式，壶铭：“饮之吉，匏瓜无匹。”有故事云：清朝的部分官员外出为官时家眷不能带在身边，因而夫妻不能长相厮守。曼生遂寄情于壶，以解相思，无奈终不能创一中意之壶。一日偶读曹植“叹匏瓜之无匹兮，咏牵牛只独勤”句得匏瓜，细究之，匏瓜又称瓢葫芦，古时用作男子无妻独处的象征，遂做此壶式。

却月式

却月式，上题“月满则亏，置之座右，以为我规”。此壶壶体如半月状，其壶身、壶纽、壶流、壶盖皆为同一却月形状，浑然天成，造型经典，用意深刻。有故事云：曼生在一次十五月圆之夜时赏读《水浒传》，为师师与燕青之情所动，于是独坐窗前望着明月浮想联翩。次日，月已有亏，于是曼生又感慨人生多变，遂手绘一满月壶。

合欢式

合欢式，上题“蠲忿去渴，眉寿无割”。此壶以朱红泥作为材质，富含吉祥与幸福之意。有故事云：曼生初在溧阳为官时，因供奉的“白芽”贡茶如期送至，使龙颜大悦。曼生得知后即设宴以贺。席间，曼生一时兴起，写下“八饼头纲，为鸾为凤，得雌者昌”之墨宝。后经好友提议制成壶器，因感于大镲分分合合，奏响人间欢乐，称合欢壶。

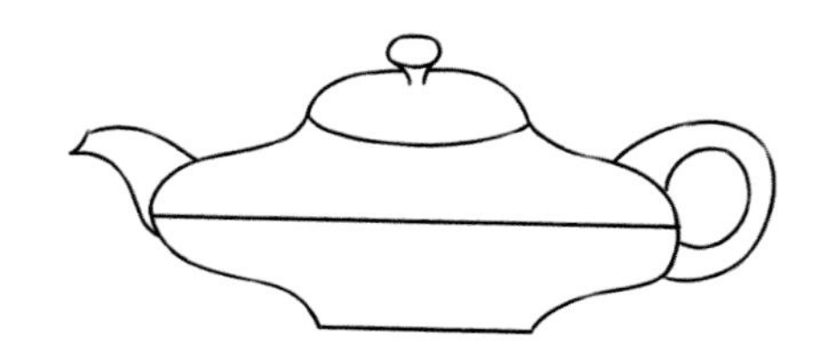

横云式

横云式，上题“此云之腴，餐之不瞿，列仙之儒”。此壶造型独特流畅，砂质细腻，表面光滑圆润，壶身铭文寓意深远，是文人壶的代表作品。有故事云：初夏，曼生在前往朋友家途中偶遇暴雨，但雨转瞬即停，天空显现一道彩虹，曼生观此美景，甚为着迷。回至家中，他有感而发，绘出一壶式，初名“饮虹”，最终定名为“横云”。

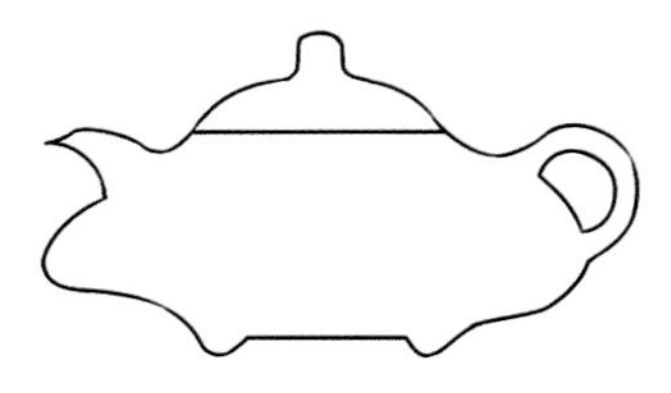

乳瓯式

乳瓯式，壶铭：“水味甘，茶味苦，养生方，胜钟乳。”此壶壶体圆润，色泽淡雅。有故事云：曼生考取功名后在溧阳做官，几载之后，由于妻子不在身边，渐思伊人温情。一日于大街上，曼生偶见一女子倚楼喂婴，不禁心摇神移，心猿意马。曼生虽为君子，但亦为性情中人，更何况自古文人多风流，但不可明示之，遂情以一壶尽化之，创造了这一茗壶。

井栏式

井栏式，壶铭：“汲井匪深，挈瓶匪小，式饮庶几，永以为好。”此壶风格高洁古雅，是几百年来紫砂茗壶之三大经典壶式之一。有故事云：一日，曼生与友人在庭院中谈壶，正谈及没有创新时，恰见一丫头在井边吃力地打水，曼生紧盯井栏边的汲水丫头。慢慢地，丫头化为一只优美的壶把，井栏化作圆形的壶身。及此，曼生制成一壶，名曰“井栏”。

葫芦式

葫芦式，壶铭：“为惠施，为张苍，取满腹，无湖江。”此壶线条优美浑圆，小环设计精巧，拨动生响，制作精湛，砂质匀均，乃壶中珍品。有故事云：曼生为官后，一日，一远房外甥提一筐葫芦来访，曼生热情款待之。待外甥走后，曼生执葫芦于手中把玩，觉得甚是可爱，于是放一葫芦于案头作画，越觉有趣，重又置笔墨，依葫芦作紫砂壶式样。

周盘式

周盘式，壶铭：“吾爱吾鼎，强食强饮。”有故事云：陈曼生喜好夜读，常常读书至深夜。一日晚间，曼生读书倦怠，便闭目静思，想起了自己十年寒窗的艰辛及为官后的难处，于是起身信步。恰巧看到小桌上的罗盘，随手拨弄，见其勺柄经由其转，却始终如一，指向一方。曼生感叹，罗盘虽如铜勺，表面圆通，却坚持己见，遂以罗盘为原型，绘壶以省之，名曰“周盘”。

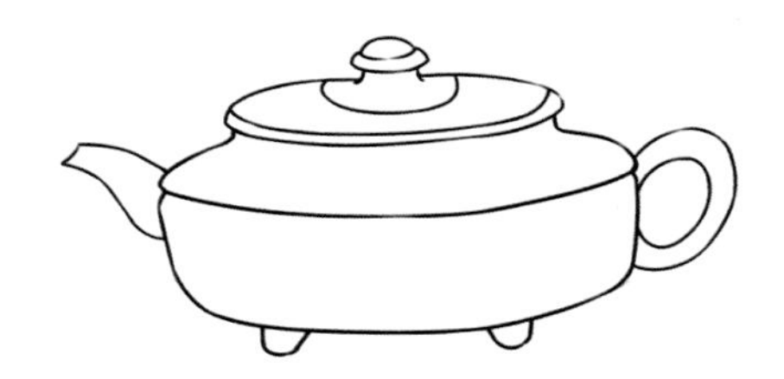

方形式

方形式，铭文：“内清明，外直方，吾与尔偕臧。”此壶最大的特点是四方四正，有一种规则美。该壶壶体以方形为主体，构造极为规则。壶体、壶把、流及壶嘴皆制成方形，在整体上呈现出一种直方形。该壶以其独特的造型和优美的线条构造位列于“曼生十八式”之中，也是一大名壶。

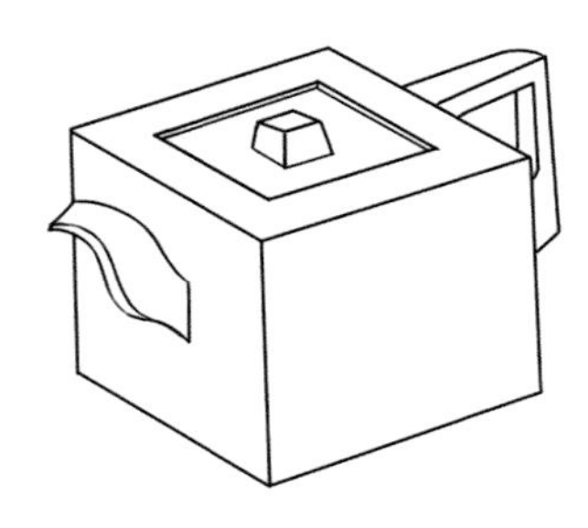

镜瓦式

镜瓦式，壶铭：“涤我酒脾，润我诗肠。”此壶乃是借鉴铜镜器形的“镜瓦”，以精细的紫砂泥制作而成，壶身光滑圆润，质地精良，色泽明亮。此壶设计极尽简约之致，造型结构简单，但很有内涵，壶之意蕴贯于其中，壶的坯体坚韧，做工细致，是曼生壶中的一大茗壶。

合斗式

合斗式，壶铭：“北斗高，南斗下，银河泻，阑干挂。”此壶乃是借鉴生活用器为原型而制作出的壶式，壶体棱角分明，构造独特，犹如上下两部分合为一体所制成，方正可鉴。此壶最大的特点是四平八稳，无论如何放置皆不易倒。而且在制作上精妙灵巧，整体结构上美妙绝伦，也是一名壶式。

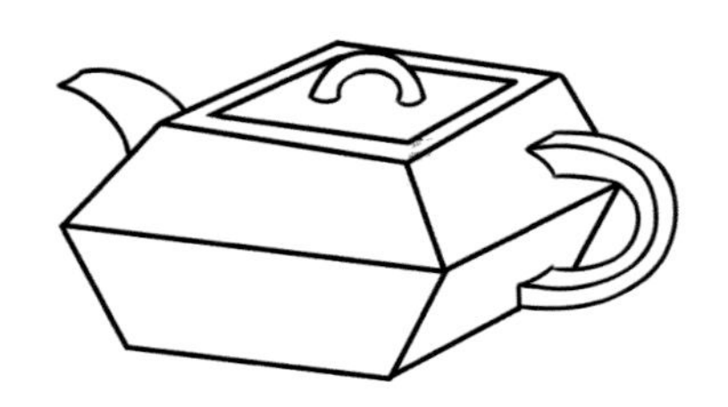

天鸡式

天鸡式，铭文："天鸡鸣，宝露盈。"该壶壶嘴为鸡嘴，壶盖似鸡冠，壶把似鸡尾，壶身下部缺口处似两只鸡爪，壶体为鸡身，总体造型酷似一只天鸡。该壶质地精良，造型独特，壶器底部的缺口处新颖奇特，是很有意蕴的壶式。

圆珠式

圆珠式，铭文："如瓜镇心，以涤烦襟。"该壶整体呈圆形，壶体犹如圆形的念珠一般，壶盖较薄较小，与接缝处连接紧密。壶纽也是念珠般的圆形，壶嘴、流和把手也制作成圆形，是"曼生十八式"中最为圆润的一种壶式。

百衲式

百衲式，铭文："勿轻短褐，其中有物，倾之活活。"此壶壶体圆润细化，壶盖上凸并带有圆形纽，壶把呈卵圆形，形如耳朵，壶流短小，基部较粗，越往壶嘴处越细。壶体底部平整，整体细腻圆润，很有质感。

饮虹式

饮虹式，铭文："光熊熊，气若虹，朝阊阖，乘清风。"该壶造型极为独特，壶嘴宽大且与壶盖几乎连在一起，很像现在的立式烧水瓶。壶把为圆环形，壶身线条流畅，上窄下窄，中间凸起，类似花瓶状。

邵大亨、黄玉麟

邵大亨和黄玉麟是清道光、咸丰年间至清末紫砂壶制作的代表人物，他们都善于仿古，所制作的壶器古意浓厚，雅俗共赏，大大推动了紫砂壶艺的发展和进步。

人物简介

邵大亨（1796—1850），活跃于清道光年间，宜兴上袁村人，他在少年时就享有盛名，是继陈鸣远之后的一代制壶名手。黄玉麟，宜兴人，生于清代末年，是继邵大亨之后又一重要的制壶大家。他从小就开始学习制作紫砂壶，十三岁的时候就学得了一手高超的制壶技术。

邵大亨紫砂壶仿品

制壶特点

邵大亨制壶以浑朴见长，擅长仿古和掇壶。他的仿古壶朴实庄重、气势不凡，虽古人而有所不及。他的掇壶骨肉均匀，流嘴匀称自然，口盖紧直，雅俗共赏。黄玉麟善于紫砂壶泥的配制，其作品圆润大方，灵妙天然，具有现代风格的精巧气质，但又不失古典韵味。他尤其擅长制作方斗和供春以及鱼化龙诸式，作品留传后世，很受欢迎。

代表作品

邵大亨和黄玉麟的传世之作分别是八卦纹束竹段壶和鱼化龙壶。

八卦纹束竹段壶高 8.5 厘米，口径 9.6 厘米，整个壶体看上去犹如束起的一捆整齐的竹段。该壶壶面边沿，即每个竹段的顶端有逐个雕刻的小圆圈，制造出竹心中空的逼真形象。壶底由雕刻着矮竹段编连状的三足作支撑。壶底面雕有星象纹，壶盖和把、流分别雕有八卦纹和龙头，壶盖内有阳文楷书小印“大亨”字样。此壶整体色泽蟹青，造型优美，装饰和谐匀称，堪称精品。

鱼化龙壶高 10 厘米，口径 7.5 厘米，现被南京收藏家王一羽所收藏。该壶壶体呈圆形并有海水波浪图案，壶盖波涛涌起，立体雕出龙首探出，且伸缩自如，壶柄当作龙尾，壶器整体看上去犹如蛟龙浮海一般，有一种活灵活现的神气，堪称上品。

华凤翔

华凤翔是清康熙、雍正年间宜兴的制壶名家，擅长仿制古器并且精通紫砂炉的制作，有作品“仿汉方壶”一具传于后世。

人物简介

华凤翔，清康熙、雍正年间宜兴人，生卒年不详。他擅于仿制古器，所制的壶器制品精巧雅致，又不失古典浑朴的韵味。另外，他还精通紫砂炉的制作和使用，这也有助于他炼制出更好的紫砂壶器。

代表作品

华凤翔有一具仿汉方壶传世。此壶以紫砂泥掺杂少量粗砂制成，表面呈梨皮色。全壶小巧而不纤，做工精细而浑朴自然，是一件很有韵味的壶器制品。此壶壶底镌刻有“荆溪华凤翔制”篆书阳文印。

邵二泉

邵二泉是清嘉庆、道光年间的制壶高手，他擅制的中壶，温润如玉、天然精妙，且擅于工镌壶铭，有壶器名品传于后世。

人物简介

邵二泉，字友兰，清嘉庆、道光年间人，生卒年不详，著名的紫砂艺人，壶艺高超，所制的壶器做工精细、光滑圆润，曾为制壶大家陈曼生制壶，影响很大。他所制的壶器大多刻有“二泉”字样，《阳羡砂壶图考》记载有传世之器白泥大壶一具。

作品特点

白泥大壶腹钤铭曰“客至何妨煮茗候，诗清只为饮茶多”，款署“二泉”。盖内有“志茂”小章，底有“阳羡潘志茂制”章，篆书字样。邵二泉另有一具紫砂大壶传世，壶身铭曰：“十二峰前一望秋 · 二泉”款行书，底镌刻有“竹溪吴月亭制”篆书阳文方印。

杨彭年

杨彭年是清嘉庆年间的制壶名家，他曾与制壶名家陈曼生一起制作了很多有名的壶器，历来被紫砂壶鉴赏家所珍爱。

人物简介

杨彭年，字二泉，号大鹏，浙江桐乡人，清嘉庆、道光年间（1796—1850）宜兴紫砂壶制作名家。另外，杨彭年还擅长刻竹刻锡，其妹凤年、弟宝年，皆是当时的制壶名手。就连当时在溧阳做官的制壶名家陈曼生也慕名前来与杨彭年兄妹合作制壶，所制作的曼生壶、彭年壶等皆传于后世，为人们所喜爱。

杨彭年紫砂壶仿品

制壶特点

开创了紫砂壶的手工捏造法。杨彭年制壶，不仅讲究壶泥的配制，而且壶嘴不用固有的陶模制作，而用捏造之法，用手随意捏成，其制品独特新颖、天然有趣。另外，杨彭年是紫砂艺人与文人全面合作的典范。他与陈曼生合作的“曼生壶”，是艺人与文人深入交流、全面合作的结晶，不仅有实用价值，而且还融入了人文气息，使得紫砂壶器除了实用之外，本身具有了更高的审美价值。

代表作品

杨彭年的制壶作品很多，他曾仿宜兴古代文物国山碑，制一紫砂瓶，并仿碑上古文字在瓶上雕刻，在故宫博物院藏紫砂器中还有他的一具“四方委角诗句方盘”作品，“曼生十八式”有很多也是杨彭年制作的。

杨彭年的代表作是彭年制曼生铭紫砂壶，现藏于南京博物院。此壶壶体坚致，壶面平滑明亮，壶底大如磐石，非常稳固，整个壶身酷似馒头，很有特点。该壶壶纽与壶身具有相同的弧度，整体向上拱起。杨彭年对该壶的壶把和壶嘴的构思精妙。首先，壶把与壶嘴所占的空间大小相近，使壶体看起来更加匀称，也增加了壶器的平衡感。其次，虽然壶嘴是填塞而成的，但其圆弧状的根部与壶身紧贴在一起，没有丝毫黏结的痕迹。而且为了获得更佳的视觉效果，他将壶嘴做长并稍向上，与向外回转太大的壶把相协调。该壶是一件非常出名的彭年制品。

杨宝年

杨宝年善制茗壶，尤其擅长捏制法，所制作的壶器含光，外表温润如玉，《阳羡砂壶图考》记载有他的一件传世之器。

人物简介

杨宝年，字公寿，又名葆年，生卒年不详，嘉庆年间宜兴人，是制壶名家杨彭年的弟弟。他擅长紫砂捏制法，喜用名贵的天青泥作为制壶泥料，因此制出的壶器紫檀色中微泛蓝，且温润如玉、精光内含。他也曾为陈曼生制壶，制品有时署“公寿”款。

代表作品

《阳羡砂壶图考》记载有他的一件传世之器。该壶器造型独特、温润圆滑，为井栏式紫砂壶。壶铭曰：“井养不穷，是以知汲古之功。频迦铭公寿作。”行书下有“宝年”二字阳文篆书方印。另外，香港艺术馆《宜兴陶艺》还刊有仿曼生铜鼓形壶一具。

杨凤年

杨凤年，嘉庆年间宜兴人，杨彭年的妹妹，其制壶技艺与兄杨彭年不相上下，是历来公认的最有名望的女制壶名家。

人物简介

杨凤年也称杨氏，字玉禽，嘉庆年间宜兴人，生卒年不详，是杨彭年的妹妹。杨凤年的制壶技艺很高，其作品构思巧妙，浮雕精美，与兄长杨彭年在伯仲之间。当年她也跟随兄长为文人陈曼生制壶，颇具盛名。她也是历来公认的最著名的女性制壶名家。

代表作品

杨凤年的传世作品很多，最著名的是竹段壶和风卷葵壶。竹段壶壶体呈紫色的竹形，壶嘴和把手均以竹枝竹叶装饰，其比例协调、工艺精巧，给人一种沉稳感。风卷葵壶以锦花瓣点缀全壶，花姿妖娆，形态逼真，是一件上佳的壶器制品。

蒋万泉

蒋万泉的大名虽然在史籍上没有记载，但是他的确是清道光、咸丰、同治年间宜兴地区的制壶名家，与邵大亨、黄玉麟齐名，传世之器紫灵壶堪称佳品。

人物简介

蒋万泉，清道光、咸丰、同治年间人，生卒年不详，是宜兴著名的陶人，也是当时享有盛名的制壶大家，与邵大亨、黄玉麟等制壶名家齐名。作品单纯高绝，不苟丝毫。《中华文物鉴赏》称：蒋万泉的作品，制作之规整，捏塑之巧妙，雕琢之精细，可谓匠心独具。

代表作品

蒋万泉有紫灵壶和紫砂钟形壶两件具有代表性的传世之器。紫灵壶通体无瑕疵，且光滑圆润、手感细腻，让人爱不释手。紫砂钟形壶现藏南京博物院，此壶似钟形，色泽赭红，形制朴素敦厚。该壶壶把呈椭圆形，盖微凸底微凹，流子弯曲，造型极为讲究。

冯彩霞

冯彩霞是继杨凤年之后又一位著名的女制壶名家，擅于制作衔制壶和捏制壶，以制喝功夫茶的水平壶而名闻天下，有朱泥小壶等传世佳作。

人物简介

冯彩霞，清嘉庆、道光年间宜兴著名的陶人，是继杨凤年后又一位杰出的女紫砂名家。她所制的捏制壶指纹腠理隐现，尤为夺目，并且盖有方印为标识，还有“彩霞监制”四字阳文篆书。后来被聘到广东万松园内制壶，因此所制的紫砂壶统称为“万松园壶”。

代表作品

冯彩霞的传世代表作品很多。有底部镌刻“中有十分香·彩霞”七字欧体楷书字样的朱泥小壶一具。还有手捏朱泥小壶一具，底有“彩霞监制”阳文篆书印。另有紫泥小壶一具，底部有用竹刀刻制的七字行书“山青卷白云·彩霞”字样。

程寿珍

程寿珍是清末至民国初期的制壶名家，他擅长制作形体简练的壶式。作品粗犷中有韵味，技艺纯熟，所制的掇球壶最负盛名。

人物简介

程寿珍，又名陈寿珍，自号冰心道人，宜兴上袁村人，是清末民初宜兴的制壶名家。他从小跟随养父邵友廷学习制壶技艺，作品粗犷中有韵味，技艺纯熟，擅长制形体简练的壶式。程寿珍还擅于制作仿古壶、掇球壶等，一生勤劳多产，年过七十尚制作不辍。

制壶特点

程寿珍制壶，不求壶体形制的复杂或规整，他喜制造型简洁的壶式，其风格粗犷，技艺纯熟，虽然简练但韵味十足。程寿珍还善于制作掇球壶，每一个掇球壶均有三个印记：壶底内钤“寿珍”篆印，壶盖内钤“真记”楷书小印，而壶底外用以镌刻铭文印记，这些铭文印记大多刻以二十四字篆文。除了掇球壶之外，他还擅于制作仿古壶和汉扁壶。

程寿珍紫砂壶仿品

代表作品

程寿珍是一位勤劳多产的紫砂壶名家，年过七十尚且制作不辍，八十二岁制作之壶仍有十把。他一生所制紫砂壶不计其数，留传民间甚多。其具有代表性的壶有掇球壶、仿古壶和汉扁壶。

程寿珍所制作的掇球壶，形如大、中、小三个圆球叠垒，壶体姿态稳健，光滑圆润，口盖连接紧密，规则完美，有三个标志性印记。此壶在 1915 年美国旧金山举行的巴拿马太平洋万国博览会上获得金质奖，颇负盛名。

程寿珍所作的仿古壶把手较为粗壮，壶盖大且扁平，线形粗细对比得体，整体匀称和谐，身、肩、肚、底等分布均匀，错落有致，秀丽中带有巧思，极富气势。此外，他还有一件汉扁壶佳作。此壶圆中带方，从壶嘴、壶肩直至把手，一气呵成，匀称而且和谐、流畅而又完美，是一件难得的大家之作。

冯桂林

冯桂林是我国近代的紫砂壶制作名家，曾被誉为一代英才。他跟随范大生、程寿珍等名师学习制壶技艺，擅长制作竹类题材的茶壶，其制品形神皆备，留传后世，影响深远。

人物简介

冯桂林，生于1902年，卒于1945年，自号卷翁，宜兴宜城镇人，是中国近代著名的紫砂艺人。他师从范大生、程寿珍等名家，习得纯熟的紫砂技艺，他也是江苏省立陶器厂“利永陶工传习所”的第一批艺徒。他制作的壶器非常多，曾经被誉为一代英才，实是紫砂壶历史上极为难得的名匠艺师。

制壶特点

冯桂林师从范大生，因此特别擅长于松、竹、梅的题材。他所制作的竹类题材的茶壶，规矩方正，形神皆备，所作无不精致细腻，逼真动人，竹制壶器也是他最为有名的代表作之一。另外，冯桂林一生创作的紫砂壶作品非常多，且极富创新意识。在他所制作的壶器中，仅新品种就多达二百余种。这些新鲜的壶器皆风格独特，构思巧妙，极具创新意义。

代表作品

冯桂林的紫砂壶制品或方或圆，或长或短，或高或矮，或规则或不规则，但皆造型独特，精致细腻，给人一种鬼斧神工的新奇感。他一生中创造了无数的紫砂壶器，但最具代表性的是五竹壶。

五竹壶制作于民国时期，是冯桂林大师的经典之作，现收藏于南京博物院。此壶高约10厘米，用一种极为精细的特殊泥料制作而成，色泽红中泛着一点紫气。该壶壶体部分由围在一起的五段竹节组合而成，且表面的竹节线均分布在黄金分割点上，构思极为独特，造型十分新颖，是紫砂壶历史上前所未有的新奇之作。此壶的壶把和壶流也以竹枝制成，尤其是呈一节一节状的壶流，与壶体的五节竹段相互辉映，极为和谐。另外，五竹壶严格地说应该是一整套茶具中的一件，该套茶具还包括两个茶杯和一个托盘。该壶壶盖内刻有“桂林”的印记，是紫砂壶历史上极为重要的一具壶器。

第四章

国外茶具与少数民族茶具

欧美茶具

随着中外贸易的交流与发展，中国的茶叶逐渐传入欧美国家，饮茶开始在这些地区流行。而茶具作为茶的载体，也随之在当地应运而生。

欧美茶具的起源

茶具作为茶的载体，是伴随着茶业的发展才逐渐被人们所应用的。欧美茶具的出现，是中国茶叶传入而引发饮茶之风的结果。据传，中国茶叶最早传入的欧洲国家是当时的俄国。在元代，蒙古人的铁骑远征俄国，中国的文明便随之传入。至清雍正年间，中俄签订了互市条约，逐渐与俄国开展陆路通商贸易，茶叶作为其中主要的商品，开始大量输入俄国。19 世纪末，俄国人开始从中国引进茶籽，学习种茶。后来还设立了茶厂，并从中国聘请技工传授制茶技艺。

茶在欧洲各国广泛传播是在 16 世纪。并且，欧洲人开始将茶叶传入他们的殖民地——美洲地区。1626 年，荷兰人就开始把中国的茶叶运销至美洲地区。美国独立之后，也逐渐开始与中国进行正式的茶叶贸易。

欧美茶具的发展

中国的茶叶传入欧美，促使了欧美茶具的发展，而欧美茶具真正开始发展，还要归功于中国陶瓷器的发展与输出。唐宋时期，中国的制瓷业已经相当发达，烧制出的瓷器品种多样、质地精良。随着对外贸易的发展与扩大，中国的瓷器开始远销海外。元明时期，瓷器输出贸易进一步扩大，据明代史料记载，荷兰商人在八十年间共运走瓷器一千六百万件。

瓷器的传入对欧美茶具的影响甚大。可以说欧美及其他地区的茶具皆源于瓷器。在陕西扶风县法门寺出土的文物中有一件玻璃杯，与武则天孙女永泰公主墓室壁画中的玻璃杯模样极其相似。经专家考证，这些杯子皆来自波斯（现在的伊朗地区）。还有可以证明的唐青瓷龙柄凤头壶，此壶从造型到装饰全是阿拉伯风格。中国瓷器的传入促使欧美茶具不断发展进步，在欧美茶具发展史上具有重要的地位。

欧美茶具

有关欧美茶具的记载

欧美瓷茶壶

欧美茶具

欧美茶具套装

欧美茶具的起源也较早，有关欧美茶具的历史记载，我们可以从一些作家的作品中进行总结概括。18世纪，美国作家 Rodris Roth 撰写的 *Tea Drinking in 18th Century America*（《18世纪美国品茶》）一书中提到了二十三种当时的饮茶用具，说明当时欧美已经很盛行饮茶。

《18世纪美国品茶》中记载的部分茶具

1. 青花瓷或白瓷无把茶杯。
2. 茶托，茶盘：简朴的木板或银、瓷制作的茶盘。
3. 烧水壶：瓷或银制作的茶壶。
4. 茶壶架：用于防止桌子被烫到，银壶可用正方形木架，瓷壶可用小碟子。
5. 茶匙：用于搅拌茶；茶匙船：用于放置几把茶匙。
6. 茶桌：圆形的或长方形的、桃花心木制作的桌子。
7. 银茶渣碗：以倒出废茶叶。
8. 奶油壶：玻璃、白镴、或瓷器制作的，用于加奶油。
9. 酒精炉：以保持水的温度。
10. 水壶架：又小又矮的桌子，专门放置水壶和酒精炉。
11. 茶夹：银制的，用于夹糖块。
12. 糖碗：银制的，有盖子，用于存放和保存糖块。
13. 茶罐：银制的，用于存放茶叶，盖子用于量茶叶。
14. 茶罐勺：以量出适量茶叶。
15. 茶叶盒：带锁，保护珍贵的茶叶。
16. 滤网架：小碗，用于放置茶滤网。

欧美茶具的特点

欧美茶具有着自身的特点，有关这些特点，从美国作家 Rodris Roth 的记载和一些现实生活的现象中，我们大致可以总结归纳出：拥有种类多样的茶具，有各种材质制成的茶具，受中国瓷器的影响较大，又拥有自身独特的文化价值和意蕴。

一、茶具种类多样

在早期的欧美茶具中，不仅有最为常见的茶杯、茶碗、茶罐等，而且有茶托、茶盘、茶罐勺等比较讲究的饮茶用具。另外，这些茶具中还有诸如水壶架、茶壶架、茶滤网等相关的配套用具。其种类之齐全，不亚于中国的饮茶用具。

二、茶具材质各异

欧美所用的饮茶器具中，有各式各样材质所制成的茶具。金、银、铜、铁、锡、玻璃等材质的茶具皆有，甚至还有木制的茶具。如英国人饮茶，用铜茶壶煮茶并加糖，然后倒入瓷杯或玻璃杯中品饮。

三、受中国瓷器影响较大

中国饮茶用具以瓷器茶具为主，因此，随着中国茶叶传入欧洲，中国的瓷器茶具也深受欧美人的喜爱并且乐于收藏。而且，中国瓷器茶具的传入还促进了欧美地区瓷器茶具的创新，Rodris Roth 所记载的茶器中有许多皆为瓷器茶具。

四、拥有独特的文化价值

在欧洲，父母喜欢为新生婴儿购买精致的手工茶杯和小碟子，每年生日买一套。年复一年，累计下来的珍贵瓷器渐渐增值，孩子长大后，也可成为嫁妆。另一方面，茶具，尤其是杯子也可以传给下一代，代代相传，具有丰富的文化意蕴。

摩洛哥茶具

日韩茶具

朝鲜半岛和日本列岛由于距离我国较近，所以受我国文化影响最早，茶叶传入的时间也明显早于其他地区，这些地区的茶具经过长时间的发展已颇具特色。

朝鲜半岛茶具的发展

朝鲜半岛与我国接壤，是我国茶叶最早传入的地区。在公元 4 世纪至 7 世纪时，朝鲜半岛上的高句丽、百济和新罗三国就已经开始饮用中国的茶叶。尤其是当时的新罗国，与唐朝关系比较密切，而且开始将中国的茶籽带回国内种植。至宋代时，新罗人继续学习宋代的烹茶技艺，还建立了自己的一套茶礼。

9 世纪中叶，随着中国陶瓷输入朝鲜半岛，这一地区开始出现了陶瓷器，陶瓷茶具也随之越来越多。据史料记载，在公元 6 世纪时，朝鲜半岛地区就出现了忠谈禅师行茶法。后来，在民间还出现了“舞佣家”行茶法。在朝鲜半岛的一座古墓中，还发现了一处行茶壁画，画面上不仅出现了罐、瓶，而且绘有放在木托盘上的两个茶碗、盛水果的敞口大碗等茶器。这些都足以说明，在中国茶业和瓷器传入朝鲜半岛之后，朝鲜半岛的茶具逐渐发展起来。

朝鲜半岛的饮茶用具

朝鲜半岛饮茶使用的器具很多，而且每一种行茶法所使用的茶道具不尽相同。韩国茶道在表演“舞佣家”行茶法时所用到的茶具有：茶釜（鼎）、风炉、茶桶、茶盏、茶瓢、茶匙、茶巾、茶床、茶果、茶碾和茶果床（床即茶几）。而在 1993 年 11 月，韩国茶道协会在中国举行的具有新罗文化意蕴的“花郎茶道”演示时所用的茶具有：石池、茶臼、茶釜、茶杆、茶桶、茶淀、茶盏、茶托、茶瓢、茶匙、茶扶、茶巾和茶床。另外，相当于中国宋代风格的高丽八关会，有将近三十人参加演示，类似于中国明代品味的营老茶会，有水瓶、茶床、侍者床、茶床布、蒲团、茶箸等用具。由此可以看出，朝鲜半岛的饮茶用具种类繁多、样式齐全，各种行茶法所使用的茶具也各有特点，茶具文化丰富多彩。

韩国茶具

日本茶道具的起源

日本最早的饮茶记录要追溯到公元 851 年，当时在中国学习的日本僧人空海在给嵯峨天皇写的《空海奉献表》中就有关于茶的信息。而在这一时期，恰好是中国茶圣陆羽的《茶经》刊行时日，在这一文化交流密切的时期，茶器具作为茶的载体连同茶籽一起传入日本是理所当然的事情。自此之后，日本不断派遣使者和文僧来到中国浙江这个佛教圣地修行求学，回国时，不仅带去了茶的种植知识和诸多茶器具，而且习得了煮泡技艺，还带去了中国传统的茶道精神，使茶道在日本逐渐兴起，并成为具有日本民族特色的艺术形式。

日本茶道具的发展

茶由中国传入日本，因此在中国饮茶方式不断变化的影响下，日本的饮茶主要经历了四个时期：日本平安时代（749—1191）：该时期主要受中国唐代以团饼茶为主的煮茶饮用方式的影响；日本镰仓、室町（1338—1573）、安土桃山时代（1573—1603）：该时段主要受中国宋代以散茶为主的冲饮法的影响；江户时代（1603—1867）：该时期主要受中国明代泡饮法的影响；现代时期（日本明治维新后至今）：该时期在安土、桃山、江户盛极一时之后，于明治维新初期一度衰落，但不久又进入稳定的发展期。尤其是 20 世纪 80 年代以来，中日之间的茶文化交流频繁，日本的茶文化不断向中国回传，在相互借鉴中不断发展。

茶具的发展依赖于一定的饮茶方式，随着日本饮茶方式的不断变化，茶具也出现了多元化。在日本，我们能在不同的茶道流派社团中，看到自唐代以来中国各朝代的种种茶具，以及在中国已经不存在的专为饮茶而设计建造的亭、室和园林。

日本茶具

日本茶道具的种类

日本的茶道具有几百种，并且有前台道具和后台道具之分。前台道具是客人能够看得见的道具，后台道具是客人看不到的。在日本所流行的前台道具大致有以下几种。

一、壁龛用茶道具

壁龛，从现代装修意义上来讲是一个把硬装潢和软装饰相结合的设计理念，即在墙上留出空间作为贮藏设施。在日本，自室町时代起，榻榻米逐渐流行起来，几案失去了它的位置，并慢慢地缩进墙里，于是就产生了壁龛。它是专放艺术品的地方，也是茶人进门之后首先观赏的地方，是茶会的第一个程序。

日本壁龛内景

挂轴是日本茶道中第一程序里的第一道具，客人进门之后应先向挂轴行礼以表示对书写者的敬意。它最大的特色是纸上只写赞语，而画面完全空白，被赞的瀑布、白雪、清流等皆由读赞者本人根据赞语去自由地想象应该是什么样的画面，进而领悟茶道精神。在所有的赞语中，最高级的是高僧的禅语，其他如佛语、佛典等也很珍贵。另外，窄条的短册和绘画也为挂轴增添了一定的色彩与魅力。

花瓶是仅次于挂轴的第二道具。日本人在举行茶会时，初座挂挂轴，后座换挂茶花，而花瓶作为茶花的载体，地位非常重要。日本的花瓶种类很多，金、瓷、陶、竹、牙、木等都可制成花瓶。花瓶按形状和质地可分为真、行、草三个级别。

从中国传入的唐铜金属花瓶和中国宋代的汝窑、哥窑瓷瓶属真级花瓶。元明清时期的青瓷等花瓶也很有价值。而中国古代的青铜器只适合用来观赏。据说竹花瓶和藤花瓶皆是日本茶圣千利休创造的，也是日本茶人的原创。竹花瓶有三十多种，各有名字且不能叫错。藤花瓶即用野藤或竹丝编成的像鱼篓子一样的东西。

香盒原本是一种在茶会结束时用以清净身心、净化空气、驱除烟味和炭味而投入炭炉中的香料，可以直接使用香木片，也可以使用多种香粉调和起来的练香团。但是后来由于客人多、时间短，逐渐省略了添炭程序，最后演变成一种单纯的壁龛鉴赏品。因此，香盒的形状开始考究，种类也逐渐增多，金属、木、陶等制品皆有，且盒子上的绘画、雕刻也更加精美。

二、烧水用茶道具

在日本茶道、茶艺中，烧水用的茶道具主要有三种，即风炉、地炉和茶釜，下面将逐一介绍。

风炉：一种以泥、铁、铜为原料制成的由中国传入的烧水用茶道具。风炉在日本被分为真、行、草三级。泥质、圈足、有前额的为真级，铁质缺口风炉为草级的代表。

地炉：一种在房子正中开出的 1 米多见方的用来烧水、做饭、取暖的在日本农村广泛使用的茶道具。类似于现今的沼气池。

茶釜：一种铁质的由中国传入的在举行茶会时始终摆在客人面前的用来烧水的有盖大钵。釜的形状多样。

三、添炭用茶道具

炭斗：用藤条编制成的用来盛炭的筐子，其形状大小不一。

羽带：用三根大鸟的羽毛制成，用以掸去炉沿上的炭灰。

釜环：从地炉中取出釜时，需用两枚釜环分别钩住釜左右的釜耳才能将其顺利提起，其式样也很多。

火箸：用来夹炭，会在一头打出一些花样，分风炉、火炉、装饰用三种。

釜垫：用花纹色纸折成或用藤编成的用来将热的釜放在榻榻米上的茶道具。

灰器：用来盛炉灰，但使用风炉、地炉时的灰器有所区别。样式很多，有代表性、观赏性和名字的就有四十多种，它与地炉结合，创造了日本独有的茶事形式。

炉灰：一种将烧过的炭灰、稻草灰再拌水加工成颗粒或条状灰，在以后举行茶会时用它们在风炉底摆出不同寓意的图案供客人欣赏和联想的茶道具。有代表性的灰形也分真、行、草三级，种类繁多且都有名字。

四、点茶用茶道具

点茶道具是与“茶”最近的道具，也是茶人置办茶道具时最先着手的部分，在日本的茶道文化中，地位极为重要。日本的点茶道具很多，主要包括：

浓茶小罐：用于盛放浓茶粉，茶的浓度似稠米汤。此茶道具盖子造型讲究，配用象牙制作而成，且每个都有不同的名字。

茶罐囊：用来盛放并保护浓茶小罐，分本囊、替囊、闲囊等。

薄茶盒：用来盛放薄茶粉，茶的浓度如冲好的咖啡。

贮茶罐：用来贮藏原生态的、未经加工过的茶叶。

茶碗：用来点茶、喝茶。

茶勺：用来从茶罐或茶盒中取出茶粉或将茶粉放入碗中。

茶刷：又叫茶筅，是一种以竹子分里外两层，由外向里裹的点茶时用来搅匀茶粉和水的搅拌用具。为了洁净，茶刷一般只用一次即更换新的。茶刷也分真、行、草三级，且每个茶道流派使用的竹色皆不相同。

清水罐：用来盛放清水。

水注：用来向清水罐中注水。

水勺：用来舀水。

水勺筒：用来盛放水勺。

污水罐：用来盛放用过的水。

茶巾：是用上等白麻织成的、仅供一次使用的、用来将茶碗清洁干净的用具。在日本，茶巾的内在意蕴远远超过了它的实用价值。在客人到来时，在茶碗下面垫有茶巾，表示对客人的欢迎，而且还体现了彼此拭去心灵的不洁、坦诚相待的茶道精神。在庆祝六十岁生日的茶会上，要使用红色的方巾。

绢巾：用来擦拭浓茶小罐、薄茶盒、茶勺等的用具。与茶巾相比较而言，绢巾更为正式一些，也具有一定的代表意义。绢巾一般都有彩条做标识，当客人来访时，虽然茶具上一尘不染，但主人仍要以严格的规范动作在客人面前擦拭一遍。

茶具架：用来摆放茶道具。日本的茶具架和陆羽在《茶经》中所记载的“具列”有相似之处，能够摆放几乎所有的茶具，而且外观很有特色。

贮茶罐

清水罐

日本茶道具中的茶碗

茶碗是最为重要的茶道具，是制作最为讲究的茶道具，也是品茶时和人的嘴唇直接接触的茶道具。在日本，茶人接受茶碗的一刹那，是整个茶事的高潮。主人与客人通过传递茶碗，融洽了人与人之间的关系，因此，日本人酷爱茶碗。

在茶道初兴之时，中国浙江的“天目碗”在日本很受欢迎，但由于昂贵稀少，只有贵族和高僧才能使用，平民使用最多的是与中国民间的粗碗很相似的朝鲜茶碗，这也是日本使用最长久、最普遍的茶道具。后来，在千利休的指导下，日本茶界的长次郎结合民族特性完成了乐窑茶碗。此碗整体风格优雅，碗身基本成直形，只在碗口和碗底有一点弧线，碗口开阔并向内收，非常有“威严”。

千利休去世后，他的弟子古田织部摒弃了师傅对茶碗的审美要求，将色彩鲜明、动中求美、阳刚豪放、明亮华丽的基调用于碗上，创造了“织部茶碗”。该碗扁而阔，碗口和碗身皆斜而不正，表现了武士们自由、潇洒和豁达的风格。后来，日本的第三代名匠制作了一只名为“千鸟”的茶碗。这只碗的风格沿袭了挂轴的艺术手法：在粗暗的釉上，仅有两只白色的鸟脚印，而具体的鸟体图案则需鉴赏者自己想象。不过在日本也有一些富丽堂皇的茶碗。比如山田宴三就曾经以月令的植物为代表，画成真实艳丽的皇居十二个花鸟图，并且形状各异。

日本的茶碗分碗身、碗底、碗口、碗座四个部分。与中国口大底小的茶碗不同，日本的茶碗碗口外翻并倾斜，有方形、圆形、三角形、桃形、花瓣形等二十多种式样，并且造型都很讲究。中国茶碗碗身呈弧形，而日本茶碗除了弧形之外，还有筒状垂直形和倾斜 45 度的形状。中国的茶碗讲究釉彩，而日本的茶碗比较随意，有一种独特的自然美。

日本茶人很是爱护茶碗，在开完茶道会或平时饮茶后，他们会将茶碗小心翼翼地存放起来。首先，他们会将茶碗装入单层布制的包装袋，然后将它装入有夹层布的口袋里，接着将它放进木盒中，再在空隙处填上棉花，最后，木盒还要用特别的袋子捆好打结。如果存放的是比较有名的碗，那么他们会更加小心翼翼，并且将有关这只茶碗的鉴定书、转让文件之类的东西也装入一个叫“总箱”的箱子里。日本人不仅仅重视茶碗，他们还很重视饮茶的其他器具和饮茶方式。因此，在长期的发展历史中，日本形成了独具特色的两种茶道，即煎茶道和抹茶道。

日本茶碗

日本茶道具的特点

虽然日本的饮茶由中国传入，饮茶方式以及茶具等各方面都深受中国的饮茶文化和所用茶具的影响，但是日本茶道对茶的重视以及在长期的发展历史中所形成的茶道文化，使日本的茶具呈现出一种独有的特色。

第一，日本的茶道具以实用为基础。日本人对茶具的要求以实用为前提，不过分讲究华丽的装饰与点缀，这与陆羽对茶具的要求有相似之处。比如，放釜盖的架子是用来在点茶时放茶釜盖的。如果不当着客人点茶，客人可能永远也不会想到有这样一个用具。

日本茶壶

第二，每一件茶道具皆有来历，并且具有生命力。在日本，对每一件茶道具的制作人、名字、被谁使用过及是否参加过一些特殊的茶会等都会有详细的记载。茶碗、茶盒之类还有正脸和后身之分，在使用和借用方面也很有讲究。

第三，茶道具能够体现茶名人的眼力。在日本，有名的茶道具上经常会有茶名人亲笔书写的签名或是其他字迹。所以人们在欣赏茶具时，可以从这些签名题字上研究某位茶名人的艺术眼光和修养。

第四，日本茶道具的艺术美还体现了其茶道崇尚自然、回归自然的宗旨。日本茶具制作者在制作茶具时很注重材料本身所拥有的内在美，他们往往会首先将存在于石、竹、木、陶等材料中的本质发掘出来，然后尽可能地让它们自己“说话”，以影响欣赏者。这也体现了日本茶道对茶具以物通心，古朴无华，反对人为的精雕做作和伪饰的追求。

第五，茶道具追求一种协调美，要求每件茶道具与整体的氛围相一致。从大的范围上来看，一个典型的茶室就是日本文化的浓缩；而从小的方面说，某个人的茶室就是他本人审美追求的体现。

第六，茶道具在一定程度上还是日本人品德和修养的标志。茶道在日本的地位非常重要。它是日本人心灵的寄托和日常生活的典范。对于每一件茶具，无论大小，在设计制作上皆要求精细备至。因此，在平时或接待来客中，使用什么样的茶具，也间接表达了主人的品德和修养。

日本的煎茶道

煎茶法不知起于何时，但在唐代茶圣陆羽的《茶经》中已有详细的记载。《茶经》的问世，标志着中国茶道的诞生。日本茶道源于中国茶道。众所周知，日本茶道是与礼法同步发展起来的，煎茶道形成于江户时代中晚期，在文人墨客间十分流行，为日本茶文化中的文士茶。在日本的明治维新时期，日本的煎茶道得到广泛普及，出现了许多流派。各流派为了独树一帜，强调点茶的技巧，墨守程式。其中最具代表性、最有影响力的是小笠原流煎茶道。

小笠原流煎茶道的做法是以小笠原流礼法为基础而形成的。早在日本的镰仓时代和室町时代，小笠原流的远祖小笠原远光及家族掌管着幕府礼宾奉仕权，而且逐渐接管了天皇的礼宾奉仕权。他初步奠定的幕府礼仪成为了日本传统礼仪的基础，也标志着小笠原家族传统礼仪和立法的兴起和发展。到了大正初期（1912 年），小笠原流煎茶道的第一代宗家以茶道的精神革命为主旨正式创立了小笠原流煎茶道。自此之后，小笠原流的历代宗家继往开来，在时代的变迁中，以社会人的革命精神为支持，不断地完善着小笠原流煎茶道的形式和内容。在现代社会中，小笠原流煎茶道的煎茶方式在优秀的传统中融入了现代茶道的内涵，使礼法与日常饮茶生活更好地结合在一起，被广大日本人民所追随、喜爱。

小笠原流煎茶道在小笠原流家族建立起的礼法基础上自成一家，在长久的发展历史中形成了自己独特的茶道精神。实践目标：不勉强行事；不多余行事；不草率行事。

小笠原流煎茶道在礼法的基础上形成，其主要的礼法有十条：处身法；行礼法；站坐法；开关门法；用布垫法；作客法；仕奉法；茗主点茶法；童子助茶法；茶具准备法。这十种礼法基本上涵盖了行茶过程中的全部环节，是了解小笠原流煎茶道必备的礼法守则。

日本煎茶道用具

日本风炉

日本现代风炉

以小笠原流为代表的日本煎茶道重在“煎”上，因此，对煎茶用具“炉”的要求较高。中国茶圣陆羽在《茶经》中，就将炉列为众多茶具之首，可见炉的重要性。日本煎茶道所用的炉又被称为火炉、茶炉、瓦炉，多用黄铜和生铁铸成，也有一些用白泥、朱泥或瓷土制成。这种炉色泽和造型朴素，给人一种威严感和亲切感。此炉构造复杂，炉体大致可分为炉头、炉身、炉脚、风门、炉舌、炉饰等部分。

日本风炉的相关知识

炉头，常见的有“一文字炉”和“三峰炉”两种炉式。一文字炉是平的，或有三个起点支撑釜。三峰炉就是炉头上有三个尖角来支撑釜。

炉身是整个炉的主体部分，其绘画、浮雕等装饰很多，与茶室、茶道协调统一。有些炉身上还有题字，底部还会有创作者的签名和押印。风炉的式样也较多。例如：

鬼面式：炉头呈三个角，其他部位皆是平的。

太鼓式：一种类似于公园中石鼓凳式样的炉身。

子母式：一种上大下小，风门开在下面一截的炉式。

鬼面炉：用铁铸成，炉身上凸起鬼怪猛兽的鼻眼，风门是鼻眼下面的两个大口，再下面是三足鼎立的角状炉脚。整体看上去酷似一个去了头顶盖的人头。

炉脚大致有平底、三足和四足三种常见样式。

风门是调整火头和出炭灰的地方，有方、圆、知足、木瓜等多种形状。每一个炉的风门的大小、式样和位置等都不一样，有的炉甚至有双重风门。

炉舌在风门之下，可以根据装饰的不同而灵活选择。

日本抹茶道

除了煎茶道之外，日本还流行另一种茶道，即抹茶道。抹茶道是由镰仓时代的荣西禅师将中国南宋的“点茶”法传入日本后，由村田珠光奠基，经武野绍鸥发展，由千利休创立形成并发展起来的。在日本，抹茶道是最具代表性、具有主流地位的茶道。

现在日本最具影响力的抹茶道有“表千家”和“里千家”茶道，留传面极广，盛行全国，不仅引领着日本茶道的发展，而且促进了日本饮茶风俗的民众化。

抹茶道，也被称做“茶之汤”，是使用末茶作为材料煎煮而成的。其饮法虽然是由宋代点茶道演化而来，但与宋代采用团茶用罗碾烹炙的饮法不同，日本采用的是末茶，可以直接以茶末加以煎煮。日本的抹茶不是一般的绿茶粉，或者一般意义上的茶叶粉碎物。事实上，它是用茶叶的细嫩原料，经过蒸青、冷却、脱水、复合干燥、组合粉碎等多道工序制作而成的超微粉末。日本抹茶制作的历史久远，早在 1191 年，日本僧人荣西禅师将中国蒸青抹茶制作工艺传到日本后，日本即以嫩茶叶为原料，用石磨将其捣碎并经过人工加工制作成团状或饼状，然后烘干或晒干，饮用时再将其充分烘干，碾碎成粉末，最后即可直接蒸煮饮用。到 18 世纪末 19 世纪初，日本开始用机械生产末茶。

日本的抹茶道虽然起源于中国，但在长时间的历史演变中形成了独特深厚的日本民族特色。而且，日本人对抹茶道非常讲究，这一点可以从抹茶道所使用的茶具中看出，主要有：

日本抹茶道礼仪

1. 煮水用具

敷板：用来隔热，放置于风炉下面。

炉：放在地板里的火炉，利用炭火煮釜中的水。

风炉：放置在地板上的火炉，功能与炉相同，用于五月至十月之间气温较高的季节。

盖置：用于放置釜盖或柄杓的器具，有金属、陶瓷、竹等各种材质；用于炉与用于风炉的盖置在形制上略有不同。

柄勺：竹制的取水用具，在中间段多有竹节，用来取出釜中的热水；用于炉与用于风炉的柄勺在形制上略有不同。利用柄勺舀水调节釜的热水温度，或用来清洗茶碗。

水次：席间由茶水间提水，加入水指的容器。

建水：用于装清洁茶具后的废水的储水器皿。

2. 茶罐

枣: 木制上漆的盛抹茶的小罐(薄茶用)，形似大枣。有平枣、小枣、中枣、大枣等各种规格。

茶入：盛抹茶的陶瓷小罐（浓茶用），根据形状不同分为肩冲、茄子、海壶、文琳等。

仕覆：用来包裹茶入（浓茶罐）的布袋。

茶勺 ：从茶罐（枣或茶入）中取茶的用具，竹制。在中间段多有竹节的称为“草”，竹节在两端的称为“行”，没有竹节的称为“真”。

茶筅：圆筒形竹制的点茶用具，乃是将竹切成细刷状所制成。形状如喇叭，高 11 厘米，直径 6 厘米。使用前要预先用冷水浸泡，点茶前为防止竹丝折断混入茶中，有必要在热水中再浸泡洗涤。茶筅品质好坏会影响抹茶起泡的程度，数量越多效果越好，超过七十五枝的茶筅价格就最高。

3. 茶碗

茶碗：饮茶所用的器皿，有各种形状和颜色。通常，日本茶道，提到茶碗就有一乐、二荻、三唐津的说法。乐是以乐烧(手捏成型，低温烧制)制成的茶碗，分为黑乐和赤乐；荻为荻烧；唐津分为青瓷和白瓷。

茶碗

茶筅

日本的茶道礼仪

日本人喜好饮茶，且对饮茶的每一步要求都很高。日本人将茶具称为茶道具，把茶道真正当成了一门艺术。因此，在这样一个艺术化的饮茶氛围和漫长的饮茶历史中，以礼法为基础发展起来的日本茶道形成了一种独特的礼仪方式。

日本的茶道品茶非常讲究场所，他们不会随便在家中的一处地方品茶，一般均在特定的茶室中进行。日本的茶室多起名为“某某庵”，比如，千利休就曾创立过草庵茶室。另外，茶室还有大小之分，一般以“四叠半”（约为9平方米）为标准，大于“四叠半”的称为广间；小于“四叠半”的称为小间。茶居室的中间设有陶制炭炉和茶釜，炉前摆放着茶碗和各种用具，周围设主、宾席位以及供主人小憩用的床等。

日本人在接待宾客时，有一整套的饮茶规定和要求。首先，主人会先让经过专门训练的茶师按照规定的程序和规则煮茶，然后依次献给宾客。茶师将茶献给宾客时，宾客要恭敬地双手接茶并致谢，然后三转茶碗。这之后，客人才能轻品，然后慢饮，紧接着就需将茶碗奉还。在整个品茶的过程中，必须保持轻盈优雅、端庄大方的姿态和动作。饮茶完毕，按照习惯和礼仪，客人要对各种茶具进行鉴赏和赞美。最后，客人离开时需向主人跪拜告别，主人则需热情相送，在整个品饮的过程中，双方皆需坦诚相待。

日本的茶道品茶还分为“轮饮”和“单饮”两种形式。所谓轮饮，就是客人轮流品尝一碗茶，单饮则是宾客每人单独品尝一碗茶。但不论是轮饮还是单饮，饮茶中的茶道规矩和品饮者对茶具的赏鉴与评价皆是不可缺少的。

日本的茶道讲究遵循“四规”与“七则”。“四规”指的是“和、敬、清、寂”，这也是日本茶道的精髓所在。“和、敬”是对主人和客人来讲的，指在品茶时，主人和客人必须具备的精神、态度和礼仪；“清、寂”则是对茶室和饮茶庭园来说的，是指在品茶时应保持清静典雅的环境和气氛。“七则”也是日本茶道文化对日常生活中的饮茶或是接待客人品茶时的要求和规定，具体指的是：提前备好茶，提前放好炭，茶室应保持冬暖夏凉，室内要插花保持自然清新的美，遵守时间，备好雨具，时刻把客人放在心上等。

日本茶道礼仪

少数民族茶具

我国有五十五个少数民族，每个民族都有自己的地域分布和独特的民族特色。在长期的发展历史中，各民族都形成了自己独特的生活方式，所以，各民族在饮茶方式和茶具使用上也各有不同。

少数民族茶具的发展

我国饮茶兴起较早，发展较快。据现有的史料看，虽然不能确定我国少数民族的饮茶历史，但肯定相当久远。我国少数民族主要分布在中国的西南地区，而这里恰巧又是我国最适合种植茶叶的地区，也是最为古老的茶区，因此可以断定，少数民族的人们也好饮茶，但由于当时的生产水平比较低下，饮茶的器具比较简陋，也相当少。现如今，少数民族饮茶更是蔚然成风，一些少数民族一日三餐皆饮茶，饮茶的流行也带动了茶具的发展。

少数民族茶具的特点

第一，茶具种类繁多。我国有五十五个少数民族，每个民族在茶叶的饮用、礼仪、宗教祭祀等方面都有自己独特的风俗，因此，各民族所使用的茶具也多种多样，有茶罐、茶壶、煮茶锅、茶盘、茶碗等。

第二，不同材质的茶具种类也很多。在少数民族生活的地区，由于地理环境、资源条件以及生产技术水平的不同，各民族制造了不同材质的茶具，比如金银铜铁等金属材料制成的茶具、陶瓷茶具及木质茶具。就茶罐而言，不同的民族也有陶罐、铜罐和铁罐之分。

第三，各少数民族茶具样式不同，造型独特。由于各少数民族的茶叶类别和饮茶方式不同，因此，他们所制造的茶具样式和造型也各不相同。例如，同样是茶碗，傣族喜欢用木茶碗，而且是用香刺桐木镂空精制而成的，其木茶盘上还雕刻有象征吉祥的花纹图案。

第四，茶具注重实用和配套器具的使用。从少数民族的茶具中可以看出，他们制作的茶具大多以实用为主，很少讲求茶具的外形美，这和日本茶道所追求的实用性有异曲同工之妙。而且，少数民族的茶具同样注重配套器具的使用，比如，用来放置茶杯的茶盘和承受茶壶的煮茶三脚架等。

少数民族茶壶

少数民族茶具的种类

我国少数民族的茶具种类较多，最常见的有以下几种：

煮茶锅：以铜、铁和陶制土锅最为常见，还有一些平底的有把茶锅。

茶壶：有铜茶壶、铝茶壶、银茶壶、竹茶壶等。铜茶壶呈扁形，壶肚大壶顶口小，壶盖用细铜键系于提梁上，提梁固定于壶两肩，主要用于煨沏茶用的泉水。银茶壶一般只有富有者才用得起，另外还有一些民族使用竹茶壶。

茶罐：煮茶用具，体积较小，罐身微微凸起，单个把手，有土陶罐、铜罐、铁罐等。

茶碗：大多数民族使用的有土陶碗、木制茶碗，傣族等民族的一些富有者用银茶碗。

茶杯：种类较多，金、银、铜、铁、木、竹、陶杯皆有，常用的是土陶、木竹茶杯。

茶盘：用来盛放茶杯、茶碗等。有木茶盘、磁铁茶盘等，傣族一些富有者多用银茶盘，其他民族多用木制、铁制茶盘。

搅茶棍：用竹棍制成的煮茶搅棍，用以搅动茶水，以便茶道通畅。

取茶罐钳：一般用铁制成，前端比一般火钳多一对弯曲的鹰嘴夹，是用来将茶罐从火中取出的用具。

煮茶三脚架：用铁铸成的置于火塘中用来承受茶壶煨水用的工具。上面为圆圈形和撑齿状，下面有三只支撑脚。

茶盒：一种贮藏茶叶的用具，有竹木茶盒、银茶盒等。其中，竹木茶盒式样较多，方形、圆形等皆有，银茶盒多为傣族的富有者所用。

冲茶筒：彝族做油茶时的专用工具，多用竹子制成，也有一些木质和铜质的。竹制冲茶筒空心成筒，筒底以竹节自然形成，两端会围上银和铜皮，筒中配拉杆，长约 50 厘米，杆一端配一略小于茶筒内径的木质圆盘，杆头与圆盘衔接，将茶水和酥油、盐巴等配料，倒入茶筒来回抽动拉杆，以冲油茶用。

茶漏篼：彝族用细竹编成的喇叭形竹器，敞口，口径约 8 厘米，高约 10 厘米，用于滤茶作漏篼。

不同民族的茶与茶具

我国民族众多，各民族在饮茶习惯和茶具应用上各有特点。除了以上茶具外，各少数民族都有自己独特的茶饮及相关的茶具。现做简单介绍。

一、昆明九道茶

主要茶具：紫砂壶——泡茶；茶杯——品茶；茶盘——放置茶杯。

九道茶，顾名思义，需要九道程序而制成的茶。这九道程序分别是：赏茶、洁具、置茶、泡茶、浸茶、匀茶、斟茶、敬茶和品茶。泡九道茶一般以普洱茶最为常见。泡昆明九道茶宜用紫砂茶具，茶壶、茶杯、茶盘通常配套使用，给人一种整体上的和谐感。

二、藏族酥油茶

主要茶具：长圆形打茶筒——制作酥油茶；木杵——将茶汤和作料拍打在一起。

酥油茶是一种在茶汤中加入酥油等作料经特殊方法加工而成的茶汤。先将适量酥油放入特制的长圆形打茶筒中，放入食盐、鸡蛋、花生米、芝麻粉等佐料，再注入熬煮的浓茶汁，用木柄反复捣拌，使酥油与茶汁融为一体，呈乳状即成。

三、土家族的擂茶

主要茶具：陶制擂钵——制作茶料；硬木擂棍——使各种原料融合在一起；茶碗——泡茶、饮茶；调匙——搅动茶水。

擂茶，通常将茶和花生等多种食品以及作料放在特制的陶制擂钵内，然后用硬木擂棍用力旋转，使各种原料相互混合，然后取出放入茶碗中，用沸水冲泡，可以用调匙轻轻搅动几下，即调制成擂茶。

四、回族的刮碗子茶

主要茶具：茶碗——盛茶；碗盖——用来保住茶香；碗托——防止茶碗烫手。

刮碗子茶多用普通炒青绿茶加入冰糖与多种干果，诸如苹果干、葡萄干、柿饼等可多达八种的辅料制成。由于刮碗子茶中食品种类较多，加之各种配料在茶汤中的浸出速度不同，因此，每次续水后的滋味都不一样，一杯刮碗子茶，能冲泡 5—6 次，甚至更多。

五、蒙古族咸奶茶

主要茶具：铁锅——煮茶；茶碗——饮茶。

咸奶茶多用打碎的青砖茶或黑砖茶放入铁锅内，并将洗净的铁锅置于火上，盛水 2—3 公斤，烧水至刚沸腾时加入打碎的砖茶。当水再次沸腾 5 分钟后，掺入奶，用量为水的五分之一左右。稍加搅动，再加入适量盐巴即可。煮咸奶茶的技术性很强，只有器、茶、奶、盐、温五者互相协调，才能制成咸香可宜的咸奶茶。

六、侗族、瑶族打油茶

主要茶具：铁锅——煮茶；茶碗——饮茶。

一般选择经专门烘炒的末茶或刚从茶树上采下的幼嫩新梢放入热油锅中翻炒，当茶叶发出清香时，加上少许芝麻、食盐，再炒几下，即放水加盖，煮沸 3—5 分钟，即可将油茶连汤带料起锅盛碗待喝。由于喝油茶的碗内加有许多食料，因此，还得用筷子相助，所以喝油茶也可以说是吃油茶。

七、回族、苗族罐罐茶

主要茶具：土陶罐——煮茶；铜壶——盛放煮好的茶水；有柄的白瓷茶杯——喝茶。

甘肃一带的一些回族、苗族、彝族同胞有喝罐罐茶的习惯。罐罐茶以清茶为主，少数用油炒或在茶中加花椒、核桃仁、食盐之类的作料。罐罐茶的制作比较简单，只需将茶叶及作料放入土陶罐中加水煮沸两次到三次，即可置入茶杯饮用。

八、苗族的八宝油茶汤

主要茶具：锅——炸茶、煮茶；茶碗——喝茶；茶盘——放置茶碗。

八宝油茶汤的制作比较复杂，放适量茶油在锅中，然后放入适量的茶叶和花椒翻炒，待茶叶色转黄发出焦糖香时，放入水和姜丝，水煮沸后，再徐徐掺入少许冷水，等水再次煮沸时，加入适量的食盐和大蒜、胡椒等，最后将油炸食品和汤水混合即可。

九、瑶族、壮族咸油茶

主要茶具：锅——炸茶、煮茶；茶碗——喝茶；调匙——搅拌茶水。

先将茶叶放在油锅中翻炒，待茶叶色黄散香时加入适量的姜片和食盐，翻动几下后加水煮沸 3—4 分钟，待茶叶汁水浸出后，捞出茶渣，再在茶汤中撒上少许葱花或韭段。随后将茶汤倾入已放有配料的茶碗中，并用调匙轻轻地搅动几下即可。

十、基诺族凉拌茶和煮茶

主要茶具：茶壶——煮茶；陶罐——贮放加工好的茶叶；竹筒——喝煮茶。

凉拌茶是一种原始的食茶方法，用现采的茶树鲜嫩新梢加上黄果叶、辣椒、食盐等作料制成。煮茶是将加工过的茶叶投入到有沸水的茶壶内，当茶叶的汁水已经溶解于水时，即可将壶中的茶汤注入到竹筒，供人饮用。竹筒是这一地区特有的饮茶用具。

十一、白族的三道茶

主要茶具：小陶罐——煮茶；茶盅——饮茶、品茶；茶杯——较大，用来饮甜茶。

三道茶分别是指“清苦之茶”、“甜茶”和“回味茶”。制作三道茶时，先将一只小陶罐置于文火上烘烤。待罐烤热后，随即取适量的茶叶放入罐内，并不停地转动陶罐，待罐内茶叶“啪啪”作响，叶色转黄，发出焦糖香时，立即注入已经烧沸的开水，然后即可品用。

十二、景颇族腌茶

主要茶具：竹扁——晾晒鲜茶叶；竹筒——制作茶叶；茶碗——喝茶；木棒——将放入竹筒的茶叶捣紧；瓦罐——储存茶叶。

腌茶首先需要将采来的鲜茶叶晾晒掉一定的水分，然后将其放入竹筒内并用木棒捣紧，加盖储存。静置两三个月至茶叶色泽开始转黄时，即可从罐内取出晾干，然后装入瓦罐，以便随时取用。

十三、布朗族的青竹茶

主要茶具：竹筒——碗口粗、一头削尖的煮茶器具；竹罐——喝茶。

青竹茶，顾名思义，竹为主要用具。首先砍一节碗口粗的鲜竹筒，一端削尖，插入地下，再向筒内加入泉水，当作煮茶器具。然后，找些燃料点燃竹筒四周。当筒内水煮沸时，随即加上适量的茶叶，即可倒入竹筒内饮用，甘甜清香，别有一番风味。

十四、纳西族的“龙虎斗”

主要茶具：水壶——烧水；陶罐——制茶；茶盅——饮茶。

“龙虎斗”制作方法很奇特。首先在一只小陶罐里放上适量的茶烘烤，烘烤时要不断转动陶罐，使茶叶受热均匀。待茶叶发出焦香时，向罐内冲入开水，烧煮 3—5 分钟。同时，准备茶盅，放半盅白酒，然后将煮好的茶水冲进放有白酒的茶盅内即可。

十五、德昂族酸茶

主要茶具：竹筒——制作茶叶；茶碗——喝茶。

酸茶又叫“湿茶”“谷茶”或“沽茶”，是德昂族人日常食用的茶之一。其制作方法是：将采摘下来的新鲜茶叶放入事先清洗过的大竹筒中，放满后压紧封实，经过一段时间的发酵后即可取出食用。该茶味道酸中微微带苦，且略带些甜味，长期食用具有解毒祛热的功效。

十六、布依族姑娘茶

主要茶具：铁锅——炒茶叶、煮茶；茶壶——盛放茶水；茶盅——喝茶。

布依族的姑娘茶是一种很有特色的茶，是布依族未出嫁的姑娘在清明节前上茶山采摘茶树枝上刚冒出来的嫩尖叶，热炒至一定温度后叠整成圆锥体，然后拿出去晒干，再经过一定的技术处理后制成。该茶味道芳香醇美，醒脑提神，相当名贵。

十七、怒族盐巴茶

主要茶具：土陶罐、小瓦罐——煮茶；瓷杯——喝茶。

将一块紧茶或饼茶砸碎后放入土陶罐内，放在火上烘烤，当茶叶发出响声并有香味时，缓缓冲入开水，煮五分钟，然后把用线扎紧的盐巴块投入茶汤中抖动几下后移去，使茶汤略有咸味，最后把罐内浓茶汁分别倒在瓷杯中，加开水冲淡即可饮用。

十八、高山族柚子茶

主要茶具：茶碗——泡茶、喝茶。

柚子茶是高山族的一种民俗茶饮，用柚子制作而成。通常先在柚子果实的顶部横切一块柚子皮，将其当盖子用。然后挖去柚子的果肉，用力将茶塞进柚果内膛，再将柚子皮盖上并用线缝密或扎紧，挂于通风处自然风干。第二年夏天即可取出，置入茶碗中冲泡饮用，口感甜美，深受当地人的喜爱。

第五章

茶具的组成

主茶具

主茶具是指在人们的日常生活中，在茶道过程中所使用的泡茶、饮茶工具。主茶具有很多，包括茶壶、茶碗、茶杯、茶海、公道杯、闻香杯、盖碗等。

茶壶

茶壶是主茶具的一个重要组成部分，是一种供泡茶和斟茶用的带嘴和口的器皿。它的主要作用是泡茶，也有一些较小的茶壶可以用来泡茶和直接盛茶饮用。

茶壶历史悠久，时代特征明显。茶壶的历史可以追溯到唐宋时期。那时的茶壶一般不叫茶壶，而被称为“汤瓶”，构造也较简单，仅由瓶身、壶嘴、把手三个部分组成。唐代的壶相当于盛水的“水方”。瓶中的水既可以从流中倒出，也可以直接从瓶口倒出，流的作用不大，因此，当时汤瓶的流很短。到了宋代，随着点茶法的兴起，汤瓶的流逐渐变长了，这种汤瓶也被称作“水注”。水注的出现也给壶形带来了另一个变化。由于水注的流较长，用把手在壶身一侧的壶注水很不方便，于是出现了提梁壶，并逐渐成为比较流行的款式。到了明末时期，制壶名家惠孟臣制作了许多小壶，在当时影响很大。清代紫砂壶艺与文人趣味相结合，推动了茶壶的进一步发展。发展到现在，茶壶的造型结构更为复杂。茶壶由壶盖、壶身、壶底、圈足四部分组成。壶盖又可分为孔、纽、座、盖等更为详细的部分。壶身也有口、延（唇墙）、嘴、流、腹、肩、把（柄、扳）等部分。茶壶的类型也很多，根据壶的把、盖、底、形的细微差别，茶壶的基本形态就有近二百种。

茶壶根据壶盖和壶底的造型，可分为：

压盖壶：壶盖平压在壶口之上，壶口不外露。

嵌盖壶：壶盖嵌入壶内，盖沿与壶口平。

截盖壶：壶盖与壶身浑然一体，只显截缝。

捺底壶：茶壶底心捺成内凹状，不另加足。

钉足壶：茶壶底上有三颗外突的足。

加底壶：茶壶底加一个圈足。

根据壶把来分，茶壶可分为以下几种：

压盖式茶壶

侧提壶

侧提壶是一种最为常见的茶壶，是指壶的把手位于壶身一侧，一般与壶嘴相对，多制成耳状或椭圆、半圆状。侧提壶的壶把虽然多呈耳状，但仍有些许差别。多数侧提壶的壶把皆制作得圆滑温润，但也有少数侧提壶的壶把不是很平整。著名的紫砂壶大师供春在初创紫砂壶时，所制作的就是侧提壶，在他以后的历代制壶名家，皆有侧提壶作品。

提梁壶

提梁壶是一种将壶把两端分别置于壶身两侧，横跨壶盖，与壶嘴在同一条直线上的彩虹状壶式。提梁壶起源于宋代，宋代的点茶法促使了提梁壶的产生。而明代的制壶名家赵梁则以制作提梁壶而著称，他的创作也使提梁壶成为一种流行的壶式。提梁壶比侧提壶更方便向茶碗中倒茶，而且，在用壶直接煮茶时，提梁壶可以很好地规避茶壶烫手的弊端。

飞天壶

飞天壶是一种壶把在与壶流相对的一侧壶身的上方、呈彩带飞舞的壶式。飞天壶与侧提壶一样，壶把都位于壶身一侧，但飞天壶的壶把呈彩虹飞舞状，远没有侧提壶耳状的把手拿捏方便，因此在使用过程中需注意。飞天壶这种壶式不仅具有很高的实用价值，而且具有一定的艺术审美价值，是所有壶式中最有特色的一种。

握把壶

握把壶是一种壶把像握柄一般并与壶身呈直角的壶式。握把壶虽然和侧提壶一样，壶把位于壶身一侧，但是与壶流垂直并位于壶流左后方的一侧。这样的设计不仅美观，而且方便取水。握把的种类很多，造型各异，也是一种比较常见的壶式。但这种壶式在使用过程中容易烫手，而且由于重量的不均衡，壶把容易断裂。

茶壶的种类繁多，从质地上区分，主要有陶质茶壶、瓷质茶壶、玻璃茶壶、金属茶壶，以及其他材质制作的茶壶。陶质茶壶可以分为陶壶和紫砂壶两类，以古朴自然为主要特色。紫砂壶是冲泡用具中最受欢迎的种类，以优良的宜茶性著称。除了紫砂壶之外，质地细腻、造型优美、图案雅致的瓷质茶壶也是人们最为喜爱的壶类。好的瓷质茶壶，外观应细腻莹润，纯白色的瓷壶白度越白越好，表面的光泽度越亮越好。优质的玻璃茶壶外表晶莹剔透，透明度高，通透纯净，无杂质，适合用来冲泡茶形美观的茶类，在饮茶的同时又可以欣赏到茶芽舒展绽放的美态。

在茶壶的使用过程中，还应该注意保养的问题。保养好的茶壶不仅有利于冲泡茶叶，而且可以延长茶壶的使用寿命。

新买的茶壶在使用前可以先放些茶叶用沸水泡一下，多泡几次更好。然后用清水从里到外刷洗干净，将壶内残留的沙粒彻底清除。其中，用泡过的茶叶擦洗效果最佳。

茶壶的保养非常重要。在使用过程中，要定期对茶壶外表和茶渍进行清洁，以保证茶水的原汁原味。

从整体上讲，选择茶壶的标准有四点：小比大好，浅比深好，老比新好，“三山齐”好。小壶比大壶做工精细，更有功夫茶的意蕴。浅壶比深壶能酿味、留香，且不蓄水、茶叶不易变涩。老壶比新壶更有历史韵味和沧桑感，更有收藏价值。“三山齐”是指把茶壶去盖后覆置在平整的桌子上，如果壶滴嘴、壶口、壶提柄三件都平，那么就是“三山齐”。“三山齐”关系到壶的水平和质量问题，所以最为讲究，这也是品评壶的好坏的最重要标准。从细节上讲，选择茶壶时要仔细观察衡量壶身的六大部位。

紫砂茶壶

1. 壶口

壶口，是茶壶置放茶叶以及清理茶渍的唯一通道，因此其直径不能太小，至少要保证能深入并拢的双指，以利于去渣、刷壶。若是嵌盖式壶口，堰圈部分不能在壶口内侧形成凸起的一圈，否则也不利于清理茶渍和壶器内壁。

2. 水孔

水孔，是在倒茶时，防止茶叶随水从壶流中流出的过滤装置，一般常见的茶壶水孔有单孔、网状孔和蜂窝孔三种。单孔一般在小壶上较为常见，其极易被浸泡后的叶底堵塞，影响壶流出水，常需用茶针疏通，因此单孔常与直流搭配使用。网状孔可以直接制坯而成或在单孔外加金属网，虽然避免了叶底入流堵塞，但易被单片叶片粘住而影响出水。蜂窝孔是茶壶的最佳水孔。是将水孔处制成向壶身内凸起的半球状，凸面上布满蜂窝状的小孔，即使粘有叶片，也只是盖住了一小部分。而且凸面会使粘住的叶片很快滑落，所以不易堵塞，但制壶难度大。

3. 壶嘴

壶嘴的总体要求是出水顺畅，断水良好。出水顺畅是指倒水时壶嘴不能有堵塞，应水流畅通、流速适中、水注成线。断水良好是指斟茶完毕后，壶嘴的水能够马上回落，不会沿着流的外壁滴在杯外。

4. 壶盖

壶盖，看起来作用不大，实则不然。壶盖是壶的重要组成部分，壶盖与壶身的严密契合，不仅有利于壶器的整体美观，而且能够最大限度地保持茶香。壶嘴的断水功能也与壶盖的密封有很大的关系。

5. 壶把

壶把，是壶的提握部位，是执壶斟茶时的最佳凭借。为了使充满水的茶壶在斟茶时不洒落茶水，必须考究壶把的重心问题。而且，不管是提梁壶、侧提壶还是握把壶，其壶把的设计都应该以方便掀盖、置茶、去渣、斟茶为原则。现在出现的一种活动的提梁壶把，可以很好地扬长避短，方便使用。

6. 壶形

壶形，是茶壶给人的第一感觉和印象，也是人们在选择壶器时首先会注意到的。壶形的种类很多，同类壶的大小、高低与直径的比例、装饰花纹等千变万化。壶形的好坏直接影响到泡茶时的动态美观，方便实用的壶用起来得心应手，更增添了一份泡茶技艺的美感。所以在选择壶形时，应该摒弃华而不实的装饰，而注重质朴和实用性。

茶碗

茶碗，是指用来盛放汤水饮用的器具，比一般的品茗杯稍大，是人们在饮茶中必不可少、也最为常用的一种器具。茶碗是茶道具中品种最多、价值最高、最为考究的一种主茶具，现在市场上流行的茶碗种类丰富，造型多样。最早的茶具是由酒具、水具、食具演变而来的。

茶碗

早期的茶碗中比较受欢迎的是越地所产的青瓷茶碗。唐代煎茶最为流行，茶汤颜色偏黄，用白瓷、黄瓷、褐色瓷器盛放，视觉效果不佳。而青瓷碗盛此茶汤颜色发绿，比较好看。

宋代，点茶法逐渐取代了煎茶法成为当时的主流。宋代的点茶茶汤以白为上，所用的茶碗也就随之发生变化。唐代所推崇的青瓷茶碗由于盛放白色茶汤的效果不佳，因此逐渐被人们忽视。而黑、褐、黄茶碗可以衬托出茶汤的洁白，因此变成了当时最为流行的上等茶碗。而到了明代，随着制瓷技术的发展，当时的茶具除了传统茶碗以外，还出现了很多釉色和彩绘的茶具。其中明代永乐时期，景德镇烧制的青花瓷、白瓷与彩绘茶具最为突出，工艺已经达到登峰造极的境界。彩瓷技术使茶具的风格发生极大的变化，可以说彩瓷茶碗是明清茶具的一大特点。

茶碗的大小也随茶艺的发展产生了较大的变化。唐宋时期的茶碗普遍都比较大。有托的茶碗的口径相差很大，唐代一般在 10—20 厘米之间，宋代茶碗口径变小，一般在 7—10 厘米之间。这既与当时的茶艺风格有关，也与人们日常生活中常常将茶碗与食碗混用有关。不同阶层的人使用的茶具也是不同的，对普通人来说，饮茶主要是为了解渴，茶具当然要选择大一些的，而有闲阶层对于饮茶的讲究，使他们不仅要品出茶的味道，还要品出茶外的味道，茶碗自然要精致小巧。

茶碗作为饮茶的主要用具，根据外形的不同，可以分为圆底和尖底两种。现在市面上的茶碗种类也较多，但仍以陶和瓷为主，特别是瓷质茶碗，种类繁多，图案纹饰也相对丰富，所以在选购时应根据自己的喜好和茶碗的质地、图案等选择。

茶杯

茶杯是一种用来盛放茶水供人品用的器具，也被称为品茗杯。茶杯可分为大小两种：小杯主要用于品茶，是与闻香杯配合使用的；大杯可以喝茶，也可直接作泡茶和盛茶的用具，大杯主要用于高级细嫩名茶的品饮。

茶杯作为日用器皿，历史悠久，从古至今其主要作用都是饮酒或饮茶。一些考古资料表明，最早的杯始见于新石器时代。当时的仰韶文化、龙山文化以及河姆渡文化遗址中都已经有陶制杯的存在。这一时期杯形最为奇特多样，有带耳的单耳或双耳杯，带足的锥形杯、三足杯、觚形杯、高柄杯，等等。

战国至汉代，杯器得到了很大的发展，出现了原始青瓷杯，其中最具代表性的是汉代的椭圆形、浅腹、长沿旁有扁耳的杯。隋代杯多是直口、饼底的青釉小杯。

唐代的三彩釉陶杯和纹胎陶杯最有特色，当时还流行盘与数只小杯组合成套的饮具。

宋代，我国的制瓷技术已经相当发达，尤其是当时的五大名窑所生产的瓷器，不但数量多，而且质地精美。宋代斗茶之风大盛，为了便于观察白色的茶汤和茶末，所以特别崇尚黑釉杯器，其中磁州窑釉下黑彩装饰颇为鲜明。元代的杯胎骨厚重，杯内心常印有小花草为饰。

明清时期制作的杯最为精致，不仅胎轻薄、釉温润，而且色彩艳丽、造型丰富。明代有著名的永乐压手杯、成化斗彩高足杯、鸡缸杯等，早中期多见高足杯。清代杯多直口、深腹，腹部有把或无把，还有带盖或无盖的分别，装饰手法丰富多样，有青花、五彩、粉彩及各种单色釉。

按照杯口的形状，茶杯可分为敞口杯、翻口杯、收口杯、直口杯和把杯。

瓷茶杯

翻口杯

翻口杯是指杯口向外翻出似喇叭状的茶杯。这种茶杯一般较矮，杯口比杯身和杯底大很多，杯身有时还会有一个很小的把手，整个杯子看上去犹如一个喇叭。这种杯子由于杯口较大，所以在饮茶时容易使茶水洒落，不太方便。唐代时这种杯子还有人用，到了宋代以后，随着杯器的发展和饮茶方式的变化，这种杯器就很少出现了。

敞口杯

敞口杯是一种杯口大于杯底的茶杯，这种茶杯因为很像茶盏，因此也被称为盏形杯。敞口杯虽然和翻口杯一样，都是杯口比杯底大，但敞口杯的杯口要远远小于翻口杯的杯口，而且敞口杯的杯口只比杯底稍大一点，是所有杯器中较为常见的一种。这种茶杯非常符合人们的饮茶习惯，尤其是古代人饮茶，用的大多是这种口稍大而底小的杯子。

直口杯

直口杯是指杯口与杯底一样大的茶杯，也被称为桶形杯。它和敞口杯一样，也是一种非常常见的杯子。由于直口杯的杯口与杯底一样大，所以它不但没有敞口杯和翻口杯那种头重脚轻的感觉，反而给人一种稳固感，而且直口杯拿捏方便。直口杯是现代社会一种典型的饮茶杯具，各种材质的都有，古代的瓷杯也有很多是直口杯。

把杯

把杯是指在杯子的一侧带有把手的茶杯。把杯的把手大多设计成耳状或是椭圆状，也有一些杯子的把手造型较为独特。把杯的种类很多，敞口杯、直口杯和翻口杯等皆可制作成把杯。用把杯喝茶非常方便，不仅拿捏方便，而且可以防止杯子烫手。把杯在古代和现代都有使用，尤其是近现代中国所使用的搪瓷汤杯，大多是直口的把杯。

茶杯的种类较多，式样丰富，在选购时要注意观察比较以下几个基本要点：

1. 杯口

杯口是与嘴直接接触的地方，因此要平滑无瑕疵。可以将茶杯倒置在平板上，用食指和中指按住茶杯底让其左右旋转，如果有叩击之声，则说明杯口不平滑；如果没有叩击声，则说明杯口平滑。

2. 杯身

杯身是杯子的主体部分，不同的杯身类型适合不同的饮茶习惯。使用盏形茶杯饮茶时，不用抬头就能将茶汤饮完；使用直口茶杯时，需要抬起头才能饮完；而使用收口茶杯时，必须仰着头才能将茶汤饮完。因此，可以根据自身的习惯和喜好来挑选。

3. 色泽

茶杯的色泽选择上应坚持三个原则：一是茶杯外侧的颜色应该和茶壶的颜色统一；二是茶杯内壁的颜色以白色为宜，这样便于观看茶汤真实的颜色；三是茶杯内壁可适当使用一些较特别的颜色以增强视觉效果。比如，牙白色瓷可以令橘红色的茶汤更加柔媚，青瓷可以令绿茶茶汤“黄中带绿”的效果更加明显。

4. 大小

茶杯的大小应该和茶壶相配。容水量为 20 至 50 毫升、杯深不小于 2.5 厘米的小茶杯适合与小茶壶相配。容水量为 100 至 150 毫升的大茶杯适合与大茶壶相配，既可以啜饮，又可以解渴。

5. 杯底

杯底是支撑杯子的载体，因此首先应保证杯底稳固，这也就要求杯底要平滑，不能凹凸不平。可用选择杯口的方法检测杯底。

6. 杯的只数

通常情况下，茶具套装都按照单数来配置茶杯。一只壶所配置的杯子数量不同，所适合的品茶场合也不同。比如，一把茶壶一个茶杯，适合独坐品茶；如果是一把茶壶三个茶杯，适合邀请一二挚友烹茶夜话。因此，在选购茶具时需要根据具体情况决定购买的数量。

公道杯

公道杯

公道杯，又称茶盅，是一种用于泡茶、分茶的器具。人们饮茶时，一般会把茶壶中冲泡好的茶汤先倒入公道杯，再由公道杯分入各品茗杯中。这样不仅可以调匀茶汤浓度，而且可以过滤茶末。公道杯种类多样、造型各异。根据材质，可以分为陶制、瓷质、玻璃等公道杯。虽然公道杯种类较多，但在选择上也有一定的标准。

首先，在形状和色彩上，应选择与壶相对应的公道杯。如果选择不同的造型与色彩，也须把握整体的协调感。其次，公道杯的容量需与壶的容量相同或稍大于壶的容量，以备不时之需。再者，为了方便滤去茶汤中的细茶末，应该选择在水孔处外加盖一片高密度金属滤网的公道杯。最后，公道杯的主要作用是分茶汤，因此，其断水性能的好坏直接影响分茶时的动作姿态。

茶海

茶海又叫茶船，是用来放置茶具的垫底茶具，是泡茶饮茶的主要茶具之一。茶海是随着人们生活水平的提高，由以前单纯的喝茶变成品茶味、讲茶道、论茶艺而逐渐出现的。因此，人们将古老的根艺家具与茶具相结合，制作出茶海这种既能方便烹茶、品茶，又具有根艺或根雕类审美意识的独特茶具。

茶海的造型丰富，有盘状茶海——船沿矮小，从侧面平视，茶具的形态一览无余；碗状茶海——船沿高耸，从侧面平视，只能看到茶壶的上半部分；夹层式茶海——茶船分为两层，上层有许多排水小孔，下层有出水口，便于冲泡时溢出的水倒出。茶海的质地多样，常见的有木质、竹质、石质、根雕和紫砂茶海等。木质茶海又有紫檀茶海、鸡翅木茶海、花梨木茶海等。石质茶海主要以砚石茶海为主，另外还有以玉石为原料制作的极具富贵之气的翡翠茶海等。

虽然茶海造型丰富、质地多样，但总结起来有以下三个特征：

第一，实用性。茶海必须具备排水系统。茶海首先是便于烹茶、品茶的器具，人们在品茶时喜欢先洗茶，也就是说，第一次泡茶的水必须倒掉，这些水必须顺着排水系统才能流入盛水的容器里。

第二，工艺性。好的茶海一般用大型的树根制作而成，从属于根艺根雕类。有的在茶海上雕饰弥勒佛、龙凤、山水或动物等，显示其工艺性，在雕琢手法上又有抽象和具象之分，颇具艺术欣赏价值。

第三，独特性，好的茶海都有自己的个性特点。制作茶海的大型树根能长成一样的是非常少有的，即使长成的树根很相似，再经过不同的艺人的加工，能达成两个相似的茶海，那也是非常不易的事。

茶海

茶海的种类及选购

茶海属于主要的冲泡辅助用具之一，质地各不相同，品种多样，常见的有木质茶海、竹质茶海、根雕茶海和石质茶海等。一般来讲，竹质和木质茶海在人们的日常饮茶中最为常见。在选购时，需根据用途、使用环境和个人喜好等进行选择。

一、根雕茶海

根雕茶海，即用树木的根雕制成的茶海，刀工细腻，浑然天成，最为著名的是福建武夷一代所产的根雕茶海。由于是根据树的自然形状雕琢而成的，根雕茶海上会有天然形成的木纹、年轮，所以，雕刻成茶海后纹理自然、流畅。在选购茶海时，首先要注意观察茶海表层是否光滑平整，然后可以根据个人的喜好选择花纹、雕刻的图案。

二、石质茶海

石质茶海多用砚石制作，色泽丰富，形态各异，最为著名的砚石茶海有广东肇庆的端砚茶海、安徽歙县的歙砚茶海、甘肃西南的河砚茶海和辽宁本溪的辽砚茶海。由于使用砚石制成，因此在购买砚石茶海时，主要需鉴别砚石的优劣，具体地说，可以从质地、品相和雕工三个方面对砚石进行鉴别。

砚石的种类不同，质地也不同。例如，端砚不但质地优良、坚实致密，而且细腻滋润。端砚还有一个重要的特征是“有眼”，即砚石上的石纹，石嫩则眼多，石老则眼少。石眼只具有一定的装饰作用，并不能依此判定砚质量的高低。

品相是指砚石茶海的外形，常见的造型有长方形、正方形、圆形、椭圆形等，还有荷塘造型的茶海，构思精巧，在选购时，可以根据个人喜好而定。

雕工是指砚石茶海的选材、雕刻、洗涤等工序。茶海上的图案多以浮雕手法加工制作而成，雕琢细致、线条自然，如歙砚石制作的茶海，雕刻艺术受到徽州砖雕和木雕的影响，造型秀美，风格独特。

三、竹质茶海

相对于其他茶海，竹质茶海在所有的茶海中是最经济实用的一种，因此受广大饮茶爱好者喜欢。在选择竹质茶海时，最重要的是观察茶海的制作是否精细，表面打磨是否平滑，是否有凸起或凹陷不平的状况。另外还要观察茶海是否造型规整，在存放过程中有没有因保存不当而出现变形、变质的情况。

竹质茶海

紫檀木茶海

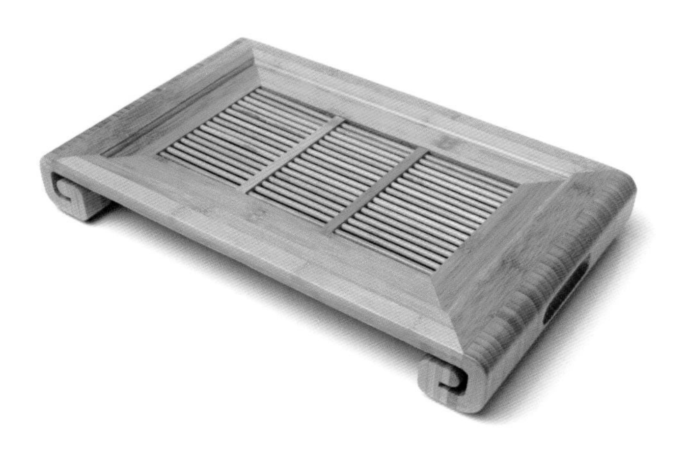

黄花梨木茶海

四、木质茶海

木质茶海的制作材料丰富，在选择上也非常讲究，以紫檀木、鸡翅木、黄花梨木等名贵木材最为常见。用这些上等木料制成的茶海不仅色泽美观、纹理雅致，而且质地坚实、方便耐用。

在购买木质茶海时，首先要从材料上加以考虑。好的木质如紫檀木和黄花梨木等制成的茶海质量相对较好。就算是选择最为普通的木料制成的茶海，也要仔细观察其表面是否光滑，有没有发霉或者变质。

黄花梨木和紫檀木茶海的选购

黄花梨木的选购要点

第一，黄花梨木虽然木质坚硬，但是手感温润，摸上去不会有粗糙感。

第二，真正的黄花梨木纹理清晰、自然、流畅，木纹或隐或现，生动多变，像蟹爪纹，在选购时要仔细加以辨别。而且，黄花梨木结疤处的花纹也会呈现出一种无规则的美感，被称为鬼脸纹。

第三，黄花梨木的芯材呈浅黄色、金黄色、红褐色、深褐色等深浅不一的颜色，常带有褐色条纹，与边材的颜色差异较大。黄花梨木的新切面有刺鼻的辛辣味，放置一段时间后，则会散发出淡淡的香味。

紫檀木的选购要点

第一，紫檀木质地致密坚硬，木材的分量很重，放入水中立刻就会沉没，而假的紫檀木由于较轻，可能不会立即沉入水中。

第二，真正的紫檀木在与白色纸板或墙壁接触后，会留下紫色的划痕，而假的紫檀木则不会有紫色的划痕留下。

第三，紫檀木的芯材新切面多成橘红色或鲜红色，久置一段时间后，会转变为紫色或紫黑色，且常常会带有美丽的浅色和紫黑色条纹。

闻香杯

闻香杯是一种用于闻嗅茶香的器具，经常在功夫茶冲泡过程中与品茗杯配套使用。首先将茶汁倒入闻香杯，然后将茶杯倒扣在闻香杯上，用手将闻香杯托起，迅速、稳妥地将闻香杯倒转，使闻香杯倒扣在茶杯上，将闻香杯慢慢提取，逆时针绕杯口旋转一圈后将闻香杯再次倒转，使其杯口朝上。然后双手掌心向内夹住闻香杯，将其靠近鼻孔，闻茶的香气。在闻香气的同时可以搓手掌，使闻香杯发生旋转运动，这样做的目的是使闻香杯的温度不至于迅速下降，有助于茶香气的散发。

闻香杯的外形基本呈圆筒形，如果按材质分类，有陶质闻香杯、瓷质闻香杯、玻璃闻香杯等。闻香杯一般用瓷的比较好，如果用紫砂，香气会被吸附在紫砂里面，而瓷质的闻香杯能使茶香散发得更充分。

由于闻香杯一般和品茗杯搭配使用，所以选购闻香杯时，应注意与品茗杯在外观上的协调一致。使用风格统一的闻香杯、品茗杯和杯托的茶具组合冲泡茶叶时，不仅可以细细地品味茶的香醇与美味，而且可以欣赏到茶具之间的和谐之美。

闻香杯、品茗杯和杯托一组

盖碗

盖碗是一种上有盖、下有托、中有碗的茶具。此碗被称为“三才碗”，也被叫作“三才杯”，暗含了盖为天、托为地、碗为人的天地人和之意。盖碗茶具，有碗，有盖，有船，造型独特，制作精巧。茶碗上大下小，盖可入碗内，茶船做底承托。喝茶时盖不易滑落，有茶船为托又免烫手之苦。且只需端着茶船就可稳定重心，喝茶时又不必揭盖，只需半张半合，茶叶既不入口，茶汤又可徐徐沁出，甚是惬意，避免了壶堵杯吐之烦。盖碗茶的茶盖放在碗内，若要茶汤浓些，可用茶盖在水面轻轻刮一刮，使整碗茶水上下翻转，轻刮则淡，重刮则浓，是其妙也。在使用盖碗时首先应该知道的是：

第一，用盖碗品茶，杯盖、杯身、杯托三者不应分开使用，否则既不礼貌也不美观，因为盖碗暗合天地人和之意。

第二，品饮时，揭开碗盖，应先嗅其盖香，再闻茶香。

第三，饮用时，应手拿碗盖撩拨漂浮在茶汤中的茶叶，然后再饮用。

第四，在闽南一些地区常以盖碗泡茶后再分茶，北方地区通常用盖碗泡茶后就直接饮用。

陶质盖碗

白瓷盖碗

青瓷盖碗

盖碗是一种较为常见的饮茶器具，以瓷质盖碗居多。用瓷质盖碗冲泡绿茶和轻发酵、轻焙火的乌龙茶最佳，而陶质盖碗最适宜冲泡中重焙火的乌龙茶、铁观音、普洱茶等。除了陶瓷之外，还有许多用其他材质制成的盖碗，其大小不一，外观各异，在选购时，可以根据实际用途和个人喜好进行。

盖碗的选购

①盖碗的容量

在选购盖碗时，首先需要根据实际情况选择容水量最适合自己的。另外，盖碗的容量大小影响茶叶冲泡的质量，标准的盖碗容量在100至130毫升之间，其中，以容量为110毫升的盖碗最佳，冲泡的茶汤爽口，香气纯正，而且叶底不会涨满整个茶碗。

②盖碗的质地

盖碗的材质很多，目前市场上常见的是瓷质盖碗。不同的瓷质盖碗不仅形态各异，而且种类繁多。在所有的瓷质盖碗中，以色泽纯正、洁白且内壁为白色的最佳，因为这样可以更好地鉴赏茶汤的色泽和叶底。

③盖碗的外观

瓷质盖碗的种类很多，青花瓷盖碗、彩瓷盖碗、白瓷盖碗等都很常见。每种瓷质盖碗的纹饰与造型也各有不同。选购时，在保证盖碗质量的情况下，可以根据自己的兴趣爱好来选择喜欢的花纹和造型。

④盖碗的做工

盖碗由三部分组成，在选购时，要仔细观察每一部分的做工是否精细，尤其是碗口、盖与碗口的连接处。一般做工好的盖碗，碗口圆润光滑，造型规整，线条流畅，放置平稳，碗盖紧密。做工不好的盖碗，碗口不圆，碗盖不紧，放置不稳。

盖碗一般用来直接饮茶，也有用来泡茶的。用盖碗泡茶主要有以下一些步骤：

备水：将盖碗的位置腾出并准备好热水。

温碗：将碗温热，以免降低泡茶的水温，且可烘托茶香以利闻香。

备茶：放置适量的茶叶于茶荷内。

识茶：持茶荷认识茶叶的状况，以利冲泡，且便于向客人介绍。

赏茶：让客人从外观上先了解所要品饮的茶叶。

温盅：以温碗的水温盅。

置茶：将茶荷内的茶叶置入碗中。

闻香：持碗欣赏茶叶冲泡之前的香气，自己先欣赏，再让客人欣赏。闻香时只取碗身与碗盖，欣赏后即行盖上盖子。

泡茶：冲入所需温度的热水，冲水高度以盖子不浸到水为原则。

计时：冲完水，放回水壶，盖上碗盖。

烫杯：以温盅的水烫杯。若没温盅的水，先倒一些水入盅，再持盅烫杯，若无烫杯需要，甚或欲降低茶汤温度以利品茗，可不烫杯。

倒茶：待茶汤浸泡到所需浓度，持盖碗将茶汤倒入盅内。

分茶：持茶盅将茶分倒入杯。

奉茶：端起奉茶盘，请客人自行端取杯子。

白瓷盖碗

辅助茶具

辅助茶具是指在冲泡茶叶的过程中起辅助作用的茶具。辅助茶具种类很多，在泡茶时经常用到的有煮水壶、茶叶罐、箸匙筒、茶荷、杯托、杯垫、茶巾和茶巾盘、滤网和滤网架、盖置、奉茶盘、计时器等。

煮水壶

煮水壶

煮水壶是一种用来煮水的茶具。在冲泡茶时，可以先用煮水壶将水煮沸，然后直接冲泡茶叶，方便快捷。古代所用的煮水壶被称为“风炉”，主要是在明火上直接加热来煮水泡茶。现在最常用的是插电式煮水壶，也称“随手泡”。煮水壶的类型多样，有金属、陶瓷、紫砂等品种。现在的煮水壶主要用铝材质制成，由盛水缸、发热控制座两部分组成，实用安全，方便快捷。

煮水壶的种类繁多，式样丰富，在选购的时候，应该注意以下几点：

第一，煮水壶的容量。在选购煮水壶时，一般会根据品茶的人数来选择容量合适的煮水壶。两三人可以选用 1 升左右的壶，四五人可以选用 2 升左右的壶。

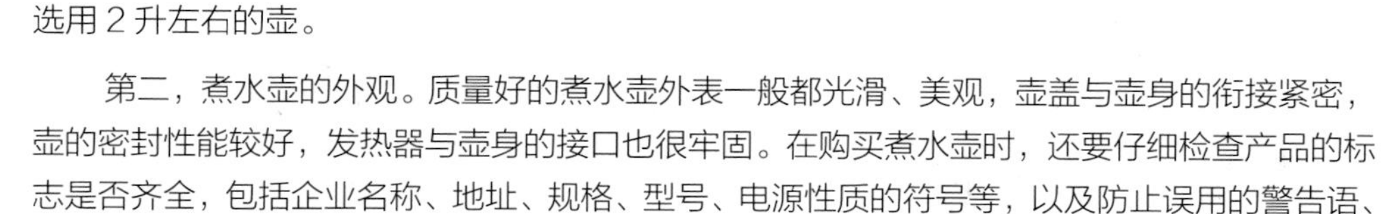

第二，煮水壶的外观。质量好的煮水壶外表一般都光滑、美观，壶盖与壶身的衔接紧密，壶的密封性能较好，发热器与壶身的接口也很牢固。在购买煮水壶时，还要仔细检查产品的标志是否齐全，包括企业名称、地址、规格、型号、电源性质的符号等，以及防止误用的警告语、清洗方法等。

第三，煮水壶的材质。煮水壶的材质较多，以金属和玻璃材质的最为常见，在选购时，可以根据个人喜好选择需要的壶类。

第四，煮水试用。选定煮水壶的容量、外观、材质等之后，应煮水试用，以检查线路通电是否完好。通电后，煮水壶的壶体应变热，各温度挡可很轻松地自动调节。

茶叶罐

茶叶罐是一种用来保管、储存茶叶的器具。茶叶对水分和异味的强吸附性，使它存放过程中极易吸湿受潮而产生质变，且香气又极易挥发。当茶叶保管不当时，在水分、温湿度、光、氧等的作用下，会引起不良的生化反应和微生物的活动，从而导致茶叶质量的变化。因此，需用茶叶罐来保持茶叶的质量。

茶叶罐的种类繁多、形态各异，有铁、锡、紫砂、陶瓷茶叶罐等，还有用竹、麦秆等材料编制而成的。现在应用较多的有铁质茶叶罐和钛制茶叶罐。

铁质茶叶罐一般印刷精美，款式新颖，因此深受大众喜爱。钛制茶叶罐是利用钛质量轻、硬度高、金属光泽好、生物亲和性好、无毒无味无辐射等特点，经打磨、抛光，精雕细琢后制成的具有各种形状和图案的茶叶罐。它具有良好的密封效果且永不褪色，外表的各种图纹也很美丽、大方，是目前应用比较广泛的一种茶叶罐。

另外还有瓷质茶叶罐和锡质茶叶罐也较为常用。瓷质茶叶罐的防光、防潮性能好，质地细腻光润，比较适合把玩、观赏。但密封性能一般，而且还有易碎、不耐用等缺点。

在选购时，应检测瓷质茶叶罐的密封性能是否良好，仔细观察壶身是否有裂纹。还可以用手将瓷罐托起，轻轻敲击罐身，优质的瓷罐敲击声清脆、响亮、悦耳。

瓷质茶叶罐

锡罐是指以锡为主要材质制成的茶叶罐，用锡罐保存茶叶有两个优点：其一，锡没有金属味，用来保存茶叶可以保持茶叶的原味；其二，锡自身的材质使它具有更好的密封性，而且因为罐身比较厚实，罐颈高，温度恒定，所以相比其他材质的茶叶罐，保鲜的功能更胜一筹。

好的茶叶需要用好的茶叶罐来存储，因此锡质茶叶罐很受欢迎。但是怎样才能买到一个真品锡茶叶罐？在锡茶叶罐的选购上，大致有以下四点鉴别方法：

一听，在打开盖子后，用手托住锡器，手指轻弹罐身，若发出悠扬叮叮音则为上等锡料。

二看，看锡器的密封性和加工面。纯锡的密封性很好，加工面亮而不白，富有光泽。

三称，将两只体积一样的锡罐进行称重，掺入铅等其他金属的会比纯锡制品更重。

四咬，用牙轻轻地咬罐体，锡制品咬下去可以听到沙沙的响声，含铅的锡制品没有响声，而且质地较硬。

锡罐的保养技巧

锡质茶叶罐比较特殊，没有表层脱落的烦恼，只需在保养的过程中略施小计，维持锡质茶叶罐的表皮光泽即可。

一、清洗

锡质茶叶罐在日常养护中可以用清水或中性洗洁剂清洗，一般磨砂面的锡罐产品多用温润的肥皂水清洗；而光面的锡器具，以优质的洗银水揩抹过后，可保持恒久璀璨的光泽。清洗过后，务必用质地柔软的干布顺纹路擦干，因为残余的清洁剂和水滴均会破坏锡器表面的光泽。

二、远离油渍

锡罐要尽可能避免接触油渍，如不慎沾上一些难以去除的污垢，切忌用硬物磨刮，因为这样会损伤锡器的纹路。可用香烟灰置于污处用纯棉布擦拭去污。

三、拒绝火源

锡材质的熔点较低，仅仅是 231.89℃，因此，在日常使用和养护的过程中，切忌将锡质茶叶罐放置于火边长时间烘烤，以免损坏罐体。

四、擦拭

锡质茶叶罐长期暴露在空气中，会出现光泽变暗的情况，因此需要经常擦拭。尤其是居住在海边时，由于空气中的盐分含量较高，所以更容易使锡罐的光泽变暗。因此，经常用湿布擦试锡质茶叶罐尤其是白锡制品，有利于保持其透亮的光泽。

杯托

杯托是一种用来放置茶杯的垫底器具，可以单独托放品茗杯，也可以同时将品茗杯和闻香杯置于其上。杯托的材质多样，在选用中，最好选择与茶杯相配的材质，使整个组合更和谐、更具美感。

杯托的造型丰富多彩。有托沿较高，能将茶杯下部包围，从侧面平视看不到杯底的碗形杯托；有托沿矮小，呈盘形状，从侧面平视可以看到部分杯底的盘形杯托；还有杯托下有圆柱脚，从侧面平视可以看到杯底的高脚形杯托。

杯托的主要作用是盛放茶杯、品茗杯、闻香杯等，因此，在选购时要注意以下几点：

首先，杯托要根据茶杯、闻香杯的材质及外观来选择、搭配，以增加茶具在整体上的协调感和美感。

其次，杯托托沿要有一定的高度，以便于端取茶水。

再者，杯托托沿和托底要保持平整，中心应有凹形线，并与杯底吻合，放置时与水平面保持一致。

最后，选择杯托时，杯托的底部不宜与杯子黏合，以免端茶时将杯托带起，不慎掉落碎裂或发出声响。

茶荷

茶荷的功用与茶则、茶匙类似，皆为盛放干茶的置茶用具。泡茶时，可先用茶则将茶叶罐中的干茶取出，放入茶荷中，然后再用茶匙将茶荷中的茶叶拨入茶壶中。由此可以看出，茶荷是在取出茶叶至冲泡过程中的茶叶中转工具。与茶则等不同，茶荷在盛放茶叶时还兼具赏茶功能。用茶荷承装茶叶，人们可以很好地欣赏茶叶的色泽和形状，并据此评估冲泡方法及茶叶量的多寡。另外，如果茶叶需要碾碎冲泡，可以在茶荷上将茶叶碾碎，再放入壶中冲泡。

茶荷的材质多样，陶、瓷、锡、银、竹、木等皆可用来制作，其中最为常见的是陶、瓷和竹质茶荷。茶荷的造型丰富，有的形似一张卷曲的荷叶，有的平滑无纹。由于茶荷兼具实用和鉴赏功能，因此，在选择茶荷时，其造型、材质要与干茶的外形、色泽等相匹配。

不同的茶需要用不同类型的茶荷与之相匹配。因此，根据平时所饮茶品的不同，在选择茶荷时应综合考虑其大小、材质和造型。比如，绿茶适合使用细密的瓷质茶荷盛放，因此，喜欢喝绿茶的人可以选择素净的白瓷、青花瓷茶荷等，造型上可以选择卷曲的莲叶形状的茶荷；喜欢饮用普洱茶的，则可选用粗犷的陶质茶荷。

木质茶荷

盖置

盖置是一种用来盛放壶盖、盅盖、杯盖的器具，多用紫砂和陶瓷制成。盖置的造型多种多样，常见的有托垫式盖置——外形酷似盘式杯托，边沿矮小，呈盘状；支撑式盖置——从盖子中心点支撑住盖或筒状物，从盖子四周支撑，呈圆柱状。

用盖置盛放壶盖等，不仅可以保持盖子的清洁干净，而且可以避免盖子上附带的茶水沾湿桌面。所以，选盖置时，不要高的要大的，不要凸的要凹的。盖置的主要功能是保持壶盖的清洁，防止盖子上的茶水滴到桌面上，因此在选购时，要使盖置的盘面大于需要盛放的壶盖、杯盖等，而且盖置的中心要低于四周，最好有一个凹槽，方便汇集壶盖等滴下的水。另外，壶盖不能太高，尤其是托垫式壶盖，高度过高会使茶具整体上显得繁杂，如支撑式盖置可以略高一些。

水盂

水盂是一种用来盛放茶渣、废水以及果皮纸屑等物品的工具，其大小不一，造型各异。水盂的材质多样，一般多由陶、瓷、木、竹等材质制成。其中，陶质水盂、瓷质水盂和上等的木质水盂质量好，不宜变形或破损，深受广大饮茶爱好者的欢迎。水盂的样式繁多，各种式样的水盂皆造型独特。按照水盂的开口划分，有敞口型、收口型和平口型等多种式样。敞口型水盂底大口小，外形类似于茶碗；收口型水盂的口和底皆小，身腹部最大且向外突出；平口型水盂开口处圆润光滑，以瓷质居多。

水盂的选择有两点需要特别注意：一是水盂的大小要根据实际需要选择；二是要仔细观察水盂的外表和内部是否有小裂纹、瑕疵等，最好的检测方法是盛水试用。一般来说，美观大方、经久耐用的瓷质或陶质水盂是购买时的最佳选择，质量优良的木质水盂也是可以考虑的选择之一。但是，一般的木质水盂或者竹质水盂不建议购买，因为这些材质经过水的长时间浸泡可能会出现变形甚至破损的情况，所以在购买时要谨慎。

水盂

滤网和滤网架

滤网和滤网架是辅助冲泡茶具之一，滤网是一种上宽下窄、形似漏斗，底部嵌入一层细纱网，用来过滤茶汤、阻隔茶渣进入品饮杯中的用具，多用金属制成。滤网架与滤网配套使用，是在清理茶壶或将滤网取出清洗时，用来盛放滤网的用具。虽然滤网有过滤茶渣的功能，但有些人因为怕滤网影响茶汤效果，在泡茶时不使用滤网。

茶巾和茶巾盘

茶巾也叫茶布，在泡茶过程中主要有两种功能：其一，用于擦拭泡茶过程中滴落在桌面或壶身壶底的茶水；其二，用来承托壶底，以防止壶热烫手。茶巾以吸水性好、容易清洗的棉织物为佳，市场上也有少部分丝质或麻质的茶巾出售，但都没有棉织物实用。茶巾盘是与茶巾配套使用的器具，主要用来盛放茶巾，以陶瓷、金属和木质茶巾盘最为常见。

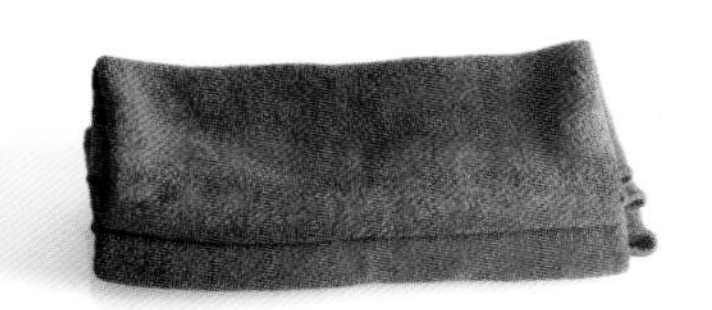

奉茶盘

奉茶盘主要是在茶冲泡好之后，邀请宾客品饮时所使用的辅助茶具。将品茗杯、闻香杯等茶具放在奉茶盘上，恭敬地敬奉给来宾，不仅方便快捷，而且显得洁净又高雅。奉茶盘的系列很多，有紫檀木系列茶盘、绿檀木茶盘、黑檀木茶盘、红檀木茶盘、酸枝木系列茶盘、竹系列茶盘、精雕茶盘、紫袍玉带石茶盘、金属茶盘等，现在市场上以竹质和木质茶盘居多。

杯垫

杯垫是一种用来衬垫品茗杯和闻香杯的用具，其主要作用是防止刚刚加热后的杯子烫坏桌面。杯垫的种类很多，现在市面上常见的有竹、木、陶、丝织品等材质制成的。杯垫的形状多样，方形、圆形、六边形等皆有。在现代社会，杯垫的应用更加广泛，餐厅、咖啡厅、酒店等公共饮食场所皆使用杯垫，另外还可作广告饰品提高形象。

备水器

备水器是指在冲泡茶的整个过程中，用来盛放各种用水的器具，如泡茶之水、洗涤之水等，是一类极为重要的用具。备水器主要有随手泡、暖水瓶、水盂、水方、水注等。

随手泡

随手泡由烧水壶和热源两部分组成，热源可用电炉、酒精炉、炭炉等。主要用来煮水，以便泡茶时使用，也可以将开水放入暖水瓶备用。

水盂

水盂是一种用来盛放泡茶或饮茶过程中的弃水、茶渣等物的器皿，各种材质的均有，以陶制品和瓷制品居多。

水注

水注是将水注入煮水器内加热，或将开水注入壶中温器、调节冲泡水温的用具。形状近似壶，口较一般壶小，而流特别细长。

水方

水方是一种置于泡茶席上用来盛放清洁茶具用水的器具。其材质多样，造型不一，是一种必不可少的茶器具。

备茶器

备茶器是用来储备茶叶的器皿，其历史悠久，早在唐代就有人用瓷瓶来装置茶叶，用来保持茶的色、香、味，现在，备茶器依然很常见。

备茶器的发展

唐代时已有了关于储存茶叶的记载。当时使用的是陶瓷器，也被称为茶罂，较为典型的为鼓腹平底，颈为矩形而平沿口。

宋代，蔡襄的《茶录》中明确记载了一个存放茶的工具——茶笼。

明代以来饮用的主要是条形散茶，储藏时比唐宋饼茶更为麻烦也更为重要，当时人主要用瓷或宜兴砂陶器具储茶，也有使用竹叶等编制的篓来储茶。这种篓雅号叫作“建城”，一般一篓收藏不同茶叶的又叫“品司”，这种竹制茶篓，有的能存放数斤到数十斤茶叶。

到现代，储存茶叶的器皿越来越多，密封性能也越来越好，不仅方便快捷，而且可以最大限度地保持茶叶的原汁原味，其中，最受欢迎的是锡质茶叶罐，因为它的密封性在所有茶叶罐中是最好的。

备茶器的种类

茶叶中含有大量亲水性的化学成分，其海绵状的微观表面既容易吸收水分，又容易沾染异味，而且还易于在空气中发生氧化，从而使茶叶变色、变味并失去原来的香味。使用备茶器，能最大限度地保持茶原有的色、香、味。常见的备茶器有：

1. 茶样罐（筒）：用于盛放茶样的容器，体积较小，可装干茶30—50克。以陶器为佳，也有用纸或金属制作。

2. 贮茶罐（瓶）：储藏茶叶用，可储茶250—500克。为密封起见，应用双层盖或防潮盖，金属或瓷质的均可。

3. 茶瓮（箱）：涂釉陶瓷容器，小口鼓腹，储藏防潮用具。也可用马口铁制成双层箱，下层放干燥剂（通常用生石灰），上层用于储藏，双层间以带孔的搁板隔开。

储茶罐

第六章

茶具的使用

茶具的正确操作

水为茶之母，器为茶之父，茶具在饮茶的过程中地位尤为重要。掌握茶具的正确操作方法，不仅是冲泡、饮茶所必备的条件，而且能够体现出饮茶者对茶与茶艺的认知度以及饮茶者的品德修养、性格特征。

持壶

在所有的茶具中，茶壶是最为重要的一种冲泡器具，是整个饮茶过程的关键和中心环节。在用壶泡茶时，有诸多讲究，如：茶壶的大小要依饮茶人数的多少而定；在泡茶过程中，壶嘴要朝向自己，不能对准客人等。另外，持壶在泡茶过程中也有一定的标准。

在用壶泡茶时，持壶的标准动作是拇指和中指捏住壶柄，向上用力提壶，食指轻轻搭在壶盖上，无名指向前抵住壶柄，小指收好。除了这种方式之外，还可以采用双手持壶和勾手持壶法。

正确的持壶方式

持杯

与茶壶相对应的另一件不可或缺的茶道具是茶杯，茶杯主要用来盛放茶壶中的茶水供饮茶者品饮。茶杯也有其正确的持握方法。

用来品茶的茶杯大多是小杯，也称品茗杯。在拿品茗杯时，需用拇指和食指捏住杯身，中指托住杯底，无名指和小指收好，持杯品茗，这个姿势也叫“三龙护鼎”，是持品茗杯的标准方法。

另外，还有一种品茶用的盖碗，在用盖碗品饮时，标准姿势是一手托起茶托，另一手揭起碗盖，先嗅盖香，再闻茶香。然后用碗盖轻刮茶汤，把碗盖稍倾斜，再慢慢品饮。

茶艺六君子

在茶道中，必不可少的就是茶道组合，简称“茶道组”，也被称为“茶道六君子”或“茶艺六君子”。茶道组是茶盘上最常用到、也最容易被忽略的物件。

茶艺六君子（“茶艺六用”）指的是茶筒、茶则、茶匙、茶漏、茶夹、茶针六种茶道用具，它们是人们在日常生活中或茶艺表演中最常用到，也是不可缺少的器具。其中最吸引眼球的，或许是用来存放组件的茶道瓶，其材质多样，造型各异，非常受欢迎。

茶艺六君子既是饮茶、品茶以及茶艺表演中所不可缺少的实用工具，更是一道亮丽的风景，一种艺术的体现，起着点缀作用。

茶筒

茶筒是用来盛放“茶艺六用”中其他五种茶具的器具。茶筒是茶道组中的亮点，多以竹、木材质制作成筒状，雕刻精细，图案雅致，是最受人们欢迎、最具有观赏性的器具。在选购茶筒时，以筒身光滑平整、雕刻精美细致、线条圆润自然的为佳，因此，应注意观察茶筒表面是否有毛刺。

茶则

茶则是一种在茶道中把茶从茶罐中取出置于茶荷或茶壶时，用来量茶的用具，是量器的一种，也是“茶艺六用”之一。中国茶圣陆羽在《茶经》中提到了作为二十八件器具之一的茶则，他认为，茶则可以用海里的贝类、牡蛎之类的来加工，也可以用铜、铁、竹作材料加工制作。除了作为量茶的标准外，茶则还可以在饮用添加茶叶时作搅拌之用。

茶艺六君子

茶匙

茶匙是一种在冲泡时从储茶器中取出干茶放入茶荷或茶壶的用具，多用竹、木等材质制成，也有少量使用陶瓷或金银等制作而成。与茶则相比，茶匙一般只用来取放干茶，而不用作量茶的器具。和茶则相似，茶匙也具有在饮茶时作搅拌用的功能。另外，茶匙还具有像茶夹一样用来清理茶壶底部的茶渣的作用，是一种很重要的茶道具。

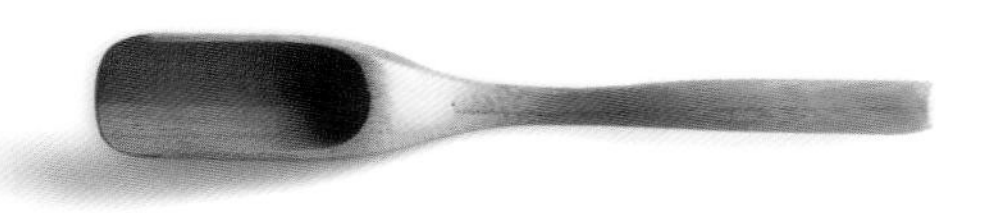

茶漏

茶漏又叫茶斗，是一种于置茶时放在壶口上，以导茶入壶，防止茶叶掉落壶外的器具。茶漏能有效去杂存益，使茶口感润滑、色泽透亮，极大提升品茶乐趣。茶漏多使用不锈钢、陶土、紫砂、竹等材料制作而成，外形也从传统的单一漏斗状发展为多样化。与其他茶具、茶宠一起成为茶艺桌上的风景线。

茶夹

茶夹是在冲泡头一道茶时，用来刮去壶口处的泡沫，夹出壶底茶渣的一种用具。茶夹外形结构同筷子相似，多以竹、木为主要材质制成，也有金、银等材质的茶夹。除了上述功能以外，还可在烫洗杯具时使用茶夹，防止热水烫手。在分茶时，也可使用茶夹来夹取品茗杯和闻香杯，这样不仅有利于防止烫手，而且使客人感觉更干净。

茶针

茶针是一种当壶嘴被茶叶堵住时用来疏通茶壶的内网（蜂巢），以保持水流畅通或在放入茶叶后把茶叶拨匀，使碎茶在底、整茶在上的用具。茶针又名“茶通”，是现代人所说的“茶道组”中不可缺少的一分子。茶针的制作材质很多，因此种类多样，有高贵的金银茶针，色金黄、坚硬如骨，还有做工更精细的竹木茶针以及用象牙、牛角、羚羊角等珍贵材质制成的角、骨质茶针。

茶具泡茶

经过长期的发展，茶具质地多样、造型不一、特点各异、种类丰富，各个方面有了很高的水平，但茶具的功能和作用归根结底还是要通过泡茶来表现。

饮茶过程是选茶、选水、选器并将它们合理地搭配在一起的过程。茶以各产茶名地的茶最佳；好水应该具有活、甘、轻、清的品质；器以质地优良、做工精细的各种器具为主。在三者的搭配中，最重要的是器与茶的搭配。因为茶具和茶品的种类都很多，不同的茶品需要用不同的茶具来冲泡。如果选择的茶具不合适，那么就达不到理想的泡茶效果。因此，在泡茶时，必须注重选择合适的茶品与茶具。

泡茶用具与茶叶

要想泡出一壶好茶，最基本的要求有两点：

其一，选择合适的茶具。茶具的种类丰富、材质多样，有古朴的陶器茶具、精美的瓷器茶具、珍贵的金属茶具、廉价的竹木茶具、明亮的玻璃茶具等。在泡茶时，理论上只需将一种茶具和茶相结合即可，但是为了追求茶汤的质量、享受饮茶过程中的审美情趣，就必须在泡茶时，根据不同的茶类选择不同的茶具，以达到要求的效果。

其二，选择优质的茶品。现在市面上，备受大家喜欢的茶品很多，有荡漾着青春味道的绿茶、香高色艳的红茶、余香不尽的乌龙茶、花香茶韵皆宜的花茶等。茶品虽多，但质量不一定优。在选购茶品时，一定要注重质量，高质量的茶品与合适的茶具相结合，才能突出茶品特色，突出茶香，冲泡出既美味又有审美价值的好茶。

玻璃茶具泡茶

一、玻璃茶具种类

玻璃茶具种类很多，最常见的是有色或无色、有盖或无盖的玻璃茶壶、玻璃茶杯。另外，还有许多用有色玻璃或套色玻璃制作的玻璃茶具。

二、适用茶类

玻璃茶具适合用来冲泡绿茶、白茶和黄茶。如太平猴魁、黄山毛峰、白毫银针、君山银针等茶都可以用玻璃茶具冲泡。下面以六安瓜片为例讲述。

三、六安瓜片简介

六安瓜片简称瓜片，产自安徽省六安一带，是中国十大名茶之一。唐时，六安瓜片称“庐州六安茶”，为名茶；明始称“六安瓜片”，为上品、极品茶；清为朝廷贡茶。

六安瓜片品质独特，工艺优秀，曾获过很多奖项。其中，在 1915 年和 1942 年举行的万国博览会上，六安瓜片均获金奖。

四、冲泡方法

1. 备器

准备泡茶所需的茶具，同时用水壶将水煮沸，待水温降到 80—85℃时备用。

2. 赏干茶

六安瓜片形状似瓜子，自然平展，大小均匀，无尖芽和茶梗，色泽宝绿。在投茶前，可以先欣赏一下瓜片的外形和色泽。

3. 温壶

向玻璃壶中注入少量热水进行温具，温过玻璃壶的水不用倒掉。

4. 温杯

将温壶用过的水倒入玻璃杯中，对玻璃杯进行提温预热。

5. 投茶

用茶匙将放在茶则中的适量干茶叶轻轻地拨入玻璃壶中。

6. 冲泡

向玻璃壶中注入开水至壶的九分满处，盖好壶盖冲泡即可。

7. 倒水

将玻璃杯中用来温杯的水依次倒入水盂中，腾出空杯待用。

8. 分茶

待玻璃壶中的茶叶泡好之后，即可将茶汤倒入玻璃杯中。

9. 赏茶汤

将盛有茶汤的玻璃杯端起，仔细地欣赏六安瓜片清澈透亮、黄绿明亮的茶汤。

10. 品饮

观赏片刻之后，即可轻闻茶香，然后就可以慢慢品饮了。六安瓜片的味道鲜爽醇厚，回甘带有栗香味。

Tips 小提示

用玻璃茶具泡茶、品茶时，茶叶在冲泡过程中上下浮动的动感，叶片舒展的姿态，茶汤的鲜艳色泽等，都能一览无余，对于品茶者来说，是一种艺术的享受。特别是用玻璃茶具来冲泡细嫩名优茶，最富欣赏价值。

但是，玻璃茶具也有自身的缺点，使用时要小心谨慎。玻璃茶具的传热性好，在冲泡或品饮的过程中要防止烫手；玻璃材质的质地较脆，使用过程中要注意保护，避免因疏忽大意导致杯具破碎；玻璃茶具保温性差，适量冲泡，一次品饮完最好。

玻璃杯泡竹叶青茶

一、竹叶青简介

竹叶青茶产于山势雄伟、风景秀丽的四川省峨眉山，海拔800—1200米的清音阁、白龙洞、万年寺、黑水寺一带是主产地，这里群山环抱、云雾缭绕、环境幽美，很适合茶树生长和茶质的提高。

竹叶青茶是采自峨眉山的明前茶，其外形酷似竹叶，不仅光润而且紧细匀整、经久耐泡。竹叶青茶的名字来源于陈毅。1964年，陈毅经过峨眉山休息时，万年寺的老和尚泡了一杯新采的竹叶青茶给陈毅喝。陈毅觉得这茶形似竹叶，青秀悦目，因此起名为竹叶青。

竹叶青有三个品级，品味级属中上品，静心级属茶中珍品，论道级属珍稀罕见品。

二、冲泡方法

1. 备器

用玻璃杯冲泡竹叶青茶，所需要的茶具很少，除了基本的茶道具外，只需准备一个玻璃杯即可。

2. 备水

将煮水壶中的沸水倒入公道杯中，待水温降到80℃时备用。

3. 清理茶荷

若茶荷中有剩余的茶叶残渣，可先用茶则将其拨至杯底，待温杯时一起倒掉。

4. 取茶、赏茶

取适量竹叶青放到茶荷里。在泡茶前，可以让品饮者先欣赏干茶的色、形，再闻一下香，充分领略名优竹叶青茶的天然风韵。

5. 注水

先将玻璃杯身清洗、擦拭干净，然后向玻璃杯中注入少量沸水。

6. 温杯

由于玻璃杯较高，因此，在往杯中注入少量沸水后，应双手拿杯底，慢转杯身，以保证杯子的温度上下一致。

7. 倒水

将用于温杯的水倒入水盂里。

8. 冲水

将先前倒入公道杯中备用的水冲入杯中，至杯子的七分满处。

9. 投茶

用茶匙将竹叶青茶从茶荷中拨入玻璃杯内，投茶量相当于容器的五分之一。

10. 品饮

当茶叶落入水中舒展开以后，先闻茶香，然后就可以品饮了。

Tips 小提示

在冲泡茶的过程中，品饮者即可以看竹叶青茶上下翻动的展姿、茶汤的变化、茶烟的弥散，以及最终茶与汤的成象，领略竹叶青的天然风姿。

饮茶前，一般多以闻香为先导，再品茶啜味。品茶时，宜饮小口，让茶汤在嘴内回荡，与味蕾充分接触，然后徐徐咽下，并用舌尖抵住齿根并吸气，回味茶的甘甜。竹叶青茶冲泡，一般以2—3次为宜。

虽然饮用竹叶青茶有很多的益处，是食疗的佳品，但是，冷竹叶青茶对身体有寒滞、聚痰的副作用。喝冷茶不仅不能清火化痰，反而会出现伤脾胃和聚痰的情况。所以，冲泡竹叶青茶尽量一次品饮完，如有剩余，应及时倒掉，不要品饮剩茶、冷茶。

瓷器茶具泡茶

一、瓷器茶具种类

瓷器茶具一直是饮茶最主要的器具之一，其品种多样，主要有白瓷茶具、青瓷茶具、黑瓷茶具、彩瓷茶具四类。

二、适用茶类

不同的瓷器种类适合不同的茶类。白瓷茶具色泽洁白，能够很好地衬托出各种茶汤的颜色，所以几乎适用于所有茶类；青瓷茶具适合用来冲泡绿茶，因其青翠的色泽更能显示出绿茶的汤色之美；彩瓷茶具适合冲泡红茶、黄茶、花茶等。下面以白瓷茶具冲泡武夷大红袍为例进行介绍。

三、大红袍简介

大红袍产于福建“奇秀甲东南”的武夷山，这里气候温和，冬暖夏凉，所产大红袍具有绿茶之清香，红茶之甘醇，是中国乌龙茶中之极品，中国十大名茶之一。

大红袍历史悠久，得名于明代。明洪武十八年（1385），举子丁显上京赴考，路过武夷山时突然得病，腹痛难忍，巧遇天心永乐禅寺一和尚，和尚取其所藏茶叶泡与他喝，病痛即止。考中状元之后，前来致谢，问及茶叶出处，得知后脱下大红袍绕茶丛三圈，将其披在茶树上，故得“大红袍”之名。状元回朝后，恰遇皇后得病，百医无效，便取出那罐茶叶献上，皇后饮后身体渐康，皇上大喜，赐红袍一件，命状元亲自前往九龙窠披在茶树上以示龙恩，同时派人看管，采制茶叶悉数进贡，不得私匿。从此，武夷岩茶大红袍就成为专供皇家享受的贡茶，大红袍的盛名也被世人传开。

大红袍作为武夷岩茶中的佼佼者，作为中国最具代表性的茶品之一，它所代表的不仅仅是茶，而更是一种文化，而且这种文化渗透在各个领域之中。

1959年全国“十大名茶”评比会上评选为“中国十大名茶之一”。2006年，入选首批国家级非物质文化遗产名录，并开始申报世界非物质文化遗产。2007年，大红袍绝品作为首份现代茶样品入藏国家博物馆。2010年，张艺谋、王潮歌、樊跃创作的第五部印象作品——《印象·大红袍》在武夷山正式公演。同年，“武夷山大红袍”被国家工商总局新认定为中国驰名商标。2013年5月，正式向联合国教科文组织申报世界非物质文化遗产。

四、冲泡方法

1. 备器

准备泡茶所需的茶具，必须把所有主茶具（包括瓷壶、品茗杯等）内外冲洗干净，这一环节对于大红袍来说非常重要。

2. 赏茶

正式操作前，无论是冲泡者还是品饮者，都应该认真地观察大红袍的外形、色泽。大红袍外形条索紧结、壮实，并且稍稍扭曲，有一定的曲线美。其色泽褐绿鲜润，十分值得欣赏。

3. 倒水

在冲泡大红袍之前，首先要对冲泡器具进行温壶。可将煮水壶中的沸水直接倒入瓷壶中。

4. 温壶一

沸水倒入瓷壶后，一手握住壶把、轻按壶盖，另一手托住壶底，让壶体向壶嘴处倾斜，以使壶流能够得到温润。

5. 温壶二

然后保持手上的姿势，左右摇晃或旋转壶体，使壶内壁各处皆受热均匀。

6. 倒温壶水

待壶体被温热后，即可将温壶用过的沸水倒入水盂中。

7. 投茶

将茶荷中的大红袍用茶则轻轻地拨放到瓷壶中，茶量依瓷壶的大小而定。

8. 第一泡

向瓷壶中注入适量的热水，对大红袍进行第一次冲泡。

9. 放置茶漏

将准备好的茶漏放置在公道杯上，以便于将瓷壶中的茶汤注入公道杯内。

10. 倒茶

将瓷壶中第一次冲泡的茶汤通过茶漏倒入公道杯中备用。

11. 清理桌面

在向公道杯中注入茶汤时，若不小心将茶汤洒落出来，应该立即用干毛巾将其擦拭干净，以免影响接下来的操作。

12. 第二泡

再次用煮水壶向瓷壶中注入沸水，对大红袍进行第二次冲泡。

13. 清理茶漏

在用茶漏倒茶时，若茶漏上沾有茶叶或茶末，应及时清理干净，以备下次使用。

14. 温杯

将公道杯中的茶汤分别倒入各品茗杯中进行温杯。可以手持品茗杯左右旋转摇晃，使其内壁各处受热均匀。

15. 再放茶漏

将清理干净的茶漏再次放回到公道杯上，以便于接下来的倒茶操作。

16. 倒茶

将第二次泡出的茶汤倒入公道杯中，操作方法是用一只手紧握壶把、轻按壶盖，尽量把所有的茶汤都倾倒完。

17. 倒水

待品茗杯温热后，将各品茗杯中的水依次倒入水盂中。

18. 清理茶漏

再次将附着在茶漏上的茶叶或茶末清理干净，并收起来。

19. 分茶

将公道杯中的茶汤均匀地倒入各品茗杯中，供赏鉴、品饮。

20. 品饮

待全部步骤完成之后，端起茶杯品饮即可，讲究的可以以三龙护鼎的方式持杯品茗。

Tips 小提示

大红袍的外形不像铁观音那么紧结，所以在洗茶过程中，入水之后，就可以马上把洗茶水倒出来，时间长了反而不好。对于大红袍来讲，高冲显得非常重要。高冲时，最好能让茶叶在瓷壶中翻滚起来。由于大红袍的香高，所以在冲泡过程中，若不闻茶香而一味期待饮用，则会使乐趣大减。

大红袍泡出的茶汤色泽橙黄、明亮，入口清新醇厚、固味甘爽，杯底亦有香气。大红袍很耐泡，通常为八泡左右，八泡以上者更优，且犹有余香。

因为大红袍名声在外，所以很多人喝茶的时候都会有点迫不及待，但这恰恰是饮用大红袍的禁忌。在品饮大红袍时，应该把心情放平和，有欣赏、玩味之感，缓缓吸入茶汤，慢慢体味，徐徐咽下。每喝一口，即可品味喉头及下腹的感受。

白瓷茶具泡白牡丹茶

一、白牡丹茶简介

白牡丹茶是中国福建的历史名茶，是采自大白茶树或水仙种的短小芽叶新梢的一芽一二叶制成的，是白茶中的上乘佳品。由于大白茶树的肥芽色白如银、外形似针，因此，由它制成的白茶被称为"白毫银针"。

白牡丹茶于1922年以前创制于建阳水吉，1922年后，政和开始制造白牡丹茶，并逐渐成为主产区。20世纪60年代初，松溪县曾一度盛产白牡丹。现在白牡丹产区分布在政和、建阳、松溪、福鼎等县市。

白牡丹茶很受欢迎，是当今公认安全又富有营养的绿色健康饮品。作为福建特产，1922年政和开始制造白牡丹茶并远销越南，现主销港澳及东南亚地区。常饮白牡丹茶，有退热、祛暑之功效。

二、冲泡方法

1. 备器

准备泡茶所需的所有茶具，同时把水烧开，待水温降到一定程度后备用。

2. 赏干茶

准备茶叶。白牡丹茶叶张肥嫩，叶态伸展，毫心肥壮，呈波状隆起，芽叶连枝，叶态自然，灰绿中夹以银白毫心，而且叶背遍布洁白绒毛，非常美观。所以，在泡茶前不妨先欣赏一番。

3. 温盖碗

向盖碗中倒入少量开水，旋转碗体，温烫碗内壁，然后将水倒掉。

4. 温品茗杯

将公道杯中的开水依次倒入各品茗杯中，进行温杯环节的操作。

5. 投茶

将茶荷中的茶叶用茶匙轻轻拨入盖碗中，应根据盖碗的大小决定投茶量。

6. 冲泡

向盖碗中冲入开水至刚刚溢出碗口，刮去浮沫，盖好碗盖。

7. 倒水

用茶夹夹住品茗杯，将温杯过的水依次倒入水盂中，准备盛放茶汤。若品茗杯上不小心沾湿，可用干毛巾擦拭。

8. 倒茶

将在盖碗中泡好的茶汤倒入公道杯中。正确方式是：用拇指和中指拿捏住碗身，食指按压碗盖，让茶徐徐流入公道杯中。

9. 分茶

将公道杯中的茶汤均匀地分到各品茗杯中，以供客人品饮。

10. 品饮

白牡丹茶汤色杏黄或橙黄，叶底浅灰，叶脉微红，滋味清醇微甜，给人带来清新自然的香气和一种十足的纯天然感觉。

Tips 小提示

白牡丹茶的外形奇特，茶汤色泽杏黄、明亮，而且有一股清新自然的香气，若只品饮茶味而不欣赏外形与茶汤，并仔细闻闻茶汤的香味，那就太遗憾了。

品饮白牡丹茶时，清爽鲜甜的味道只是一方面，更重要的是要细细品味茶汤带来的那种十足的纯天然感觉。

白牡丹茶有退热、祛暑之功效，令人精神愉悦、心旷神怡，为夏日佳饮。但不宜空腹喝白牡丹茶，身体虚弱者和老年人也不宜过多品饮。

紫砂茶具泡茶

一、紫砂茶具种类

紫砂茶具种类丰富，以宜兴紫砂最为有名。在所有紫砂茶具中，紫砂壶造型优美、风格多样，泡出的茶汤色正味香，是最受欢迎的泡茶用具，也是现在最常用的茶具。

二、适用茶类

紫砂茶具适合的茶类很多，几乎所有的茶都可以用紫砂茶具进行冲泡。由于紫砂茶具颜色暗沉，而且透气性好，因此最适合味重、色沉的乌龙茶和黑茶。如安溪铁观音、武夷大红袍、安化千两茶及云南普洱生茶等都适合用紫砂茶具冲泡、品饮。接下来以紫砂壶冲泡九曲红梅为例进行介绍。

三、九曲红梅简介

九曲红梅简称“九曲红”，是杭州西湖区一大传统茶品，源于福建武夷山的九曲溪。据说太平天国期间，福建武夷农民纷纷向浙北迁徙，在灵山一带落户，开荒种粮、栽茶，以谋生计，至今已有百余年的历史了。

九曲红梅茶主产于西湖区周浦乡的湖埠、上堡、大岭、张余、冯家、灵山、社井、仁桥、上阳、下阳一带，尤以湖埠大坞山所产品质最佳。大坞山高 500 多米，山顶为一盆地，土质肥沃，四周山峦环抱，林木茂盛，并且濒临钱塘江，江水蒸腾，山上云雾缭绕，适宜茶树生长和品质的形成。九曲乌龙茶因冲饮时汤色鲜亮红艳，犹如红梅，故称“九曲红梅”。

九曲红梅茶生产已有近两百年历史，是红茶中的珍品。九曲红梅茶早在一百多年前就已经名声在外，获得了很多奖项。1886 年，在巴拿马举行的世界博览会上，九曲红梅茶获得了金奖。

四、冲泡方法

1. 备器

准备泡茶所需的茶具，并煮一壶开水，以用来温具、泡茶。

2. 赏茶

正式操作前，可先观赏干茶的外形和色泽。九曲红梅茶外形俊秀，条索细若发丝，弯如银钩，抓起来可以互相勾挂呈环状，披满金色的绒毛，而且色泽乌润，是观赏的佳品。

3. 温壶

向紫砂壶中注入适量的热水，并转动壶体，使壶内壁受热均匀。

4. 倒水

待紫砂壶内壁受热均匀后，即可将水倒进水盂中，并用洁净的干毛巾将壶体擦拭干净。

5. 投茶

用茶匙将茶荷中的茶轻轻拨入紫砂壶中，茶与水的比例约为 1 ： 50。

6. 第一泡

接着向紫砂壶中注入适量的沸水，对茶叶进行第一次冲泡。

7. 倒茶

泡 1 分钟左右，立刻将紫砂壶中的茶汤倒入公道杯中。

8. 第二泡

接着再向紫砂壶中注入沸水，进行第二泡。

9. 温杯

然后将公道杯中的茶汤分别倒入品茗杯中进行温杯操作。

10. 倒第二泡的茶汤

将第二泡的茶汤倒入公道杯中，倾倒时要用手轻按壶盖，以免茶水漏出。

11. 倒温杯水

温杯过后，将品茗杯中的水依次倒进水盂中，腾杯待用。

12. 擦拭杯身

在用紫砂壶向品茗杯中倒温杯水或将温杯水倒进水盂时，若杯身不小心沾有水珠，可用干毛巾擦拭。

13. 分茶

将公道杯中第二次冲泡的茶汤均匀地分到各品茗杯中。

14. 再次倒水

一次冲泡过程结束后，尽量不要让茶汤留在紫砂壶中，以免减少壶的使用寿命。因此，可以再次将紫砂壶中剩余的茶汤倒入公道杯中。

15. 品饮

待一切操作都完成之后，即可邀请客人对茶汤进行品饮。

Tips 小提示

品前宜先赏。九曲红梅茶的外形比较奇特，用开水冲泡时，壶中茶芽舒展，曲曲伸伸，像小鱼儿在水中上下浮动一般；茶叶朵朵艳红，犹如水中红梅，绚丽悦目，而且茶汤色泽鲜亮，极具观赏性。因此在品饮前适合先观赏茶叶茶色。

饮前先闻香。九曲红梅茶香气浓郁，犹如蜜糖香般，但又蕴藏兰花香，甚至有些还带有些许的松烟香。在饮用前可以仔细地闻闻香味。

九曲红梅茶滋味醇厚浓郁，品茗如同喝桂圆汤，令人回味无穷。在品饮时，小口啜饮更有韵味。另外，九曲红梅茶具有解渴养胃、消食除腻、明目提神、健身祛病之功效。

紫砂壶泡宁红功夫茶

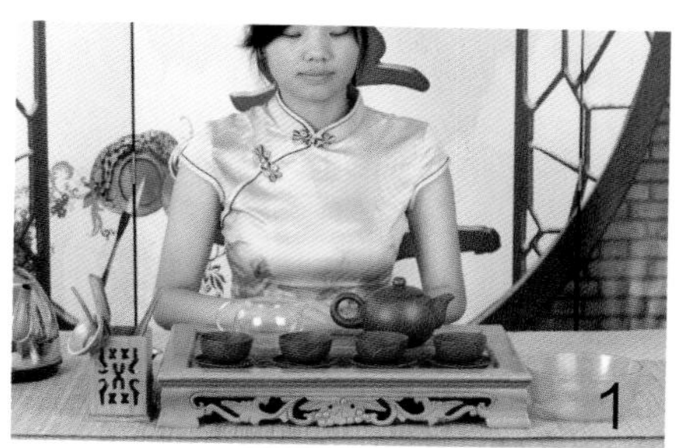

一、宁红功夫茶简介

宁红功夫茶简称“宁红”，是我国最早的功夫红茶之一，产于江西西北边隅的修水。江西修水山清水秀，云凝雾绕，从唐代开始种植茶叶，历史悠久，品质精良。其传统宁红功夫茶，很早就在英、美等国家流行，并被他们馈赠“茶盖中华，价甲天下”的殊荣，当代“茶圣”吴觉农先生盛赞宁红为“礼品中的珍品”。

宁红功夫茶采摘要求生长旺盛、持嫩性强、芽头壮硕的蕻子茶，多为一芽一叶或一芽二叶，芽叶大小、长短要求一致。宁红功夫茶风味独特，素以条索紧结秀丽、金毫显露、锋苗挺拔、色泽乌润、香高持久、叶底红亮、滋味浓郁和鲜爽而驰名中外。现在已经成为中国名茶之一。

二、冲泡方法

1. 备器

准备好泡茶所需要的所有用具。

2. 赏茶

在泡茶开始前，可以先欣赏宁红功夫茶的干茶样。宁红功夫茶外形条索紧结圆直，锋苗挺拔，略显红筋，色乌略红，光润，很值得欣赏一番。

3. 温壶

将煮水壶中的沸水倒入紫砂壶中，然后持壶左右摇晃转动，使壶体内壁受热均匀。

4. 投茶

用茶则将茶海中适量的宁红功夫干茶轻轻地拨入紫砂壶中。

5. 注水

向紫砂壶中注入沸水至壶口处，并盖上壶盖。

6. 倒茶

注水泡茶约 1 分钟后，即可将紫砂壶中的茶汤倒入公道杯中。

7. 温杯

从公道杯中倒少量的水在各品茗杯中，进行温杯。

8. 倒水

将品茗杯中的温杯水倒进盛放废水的水盂中，倒水时要尽量避免杯身沾水，若不小心沾湿，则需用干毛巾将品茗杯擦拭干净。

9. 分茶

然后将公道杯中的茶汤依次均匀地分倒在各品茗杯中。

10. 品饮

分好茶汤之后，即可连同茶托一起端给客人，请客人赏茶、品饮了。

Tips 小提示

宁红功夫茶汤色红艳，在品饮前，可以先细细地观赏茶色，然后再品饮。品饮宁红功夫茶时，不能大口喝，而应该小口饮用，并且每饮一口，尽量让茶汤在口中多留一会，这样才更能体会出宁红功夫茶的醇美及鲜嫩醇爽之味。

用紫砂壶泡茶，保味功能好，泡茶不失原味，更无茶具本身所带的异味，聚香含淑，色、香、味俱佳，且香不涣散，得茶之真香真味。而且其冷热急变性能好，不会因受火而开裂。但是用紫砂壶泡茶时，由于其保密性较好，因此闻香和观色非常不利，减少了一定的乐趣。所以在用紫砂壶泡茶时，一般都将泡好的茶水倒入公道杯中，这样不仅有利于闻茶香、看茶色，而且方便分倒在品茗杯中。

金属茶具泡茶

一、金属茶具种类

金属茶具是我国最古老的日用器具之一，主要包括金银茶具、铜茶具、铁茶具、锡茶具以及现代使用的不锈钢茶具等。

二、适用茶类

金属茶具最适合用来冲泡黑茶，比如我们所熟悉的安化黑茶、云南普洱黑茶、广西六宝茶等，都可以用金属茶具冲泡。接下来以铁壶冲泡天尖茶为例进行介绍。

三、天尖茶简介

古时，天尖茶就是人们走亲访友的高贵礼品，清道光年间被列为贡品，专供皇室饮用，现成为南方有钱人的一种饮用时尚，该茶既可以泡饮，也可煮饮。

在第五届广州国际茶文化博览会上，天尖茶备受欢迎。湖南白沙溪茶厂1953年生产的“三尖”茶之一“天尖茶”最受行内关注，20万元的起拍价，也是本次拍卖最高起拍价标。

四、冲泡方法

1. 备器

准备泡茶所需的茶具。

2. 赏茶

欣赏干茶的外形和色泽。天尖茶外形条索紧结，较圆直，嫩度较好，色泽乌黑油润。

3. 温壶

在铁壶中注入适量的热水，并转动壶体，使壶内壁受热均匀，然后将水倒进水盂中。

4. 投茶

用茶匙将茶叶从茶则中轻轻地拨入铁壶中，拨入量依壶的大小而定。

5. 第一泡

接着向铁壶中注入适量的沸水，对茶叶进行第一次冲泡。

6. 温杯

将铁壶中第一泡的茶汤分别倒入品茗杯中进行温杯。

7. 倒水

将铁壶中剩余的茶汤清理掉，可倒入水盂中，为第二泡做准备。

8. 第二泡

继续向铁壶中注入沸水，进行第二泡。

9. 倒温杯水

将刚刚倒入品茗杯中温杯的茶汤倒进水盂中，并用毛巾将杯擦拭干净。

10. 出汤、品饮

将铁壶中泡好的茶汤倒入品茗杯中，即可闻茶香、品茶味了。

Tips 小提示

天尖茶汤色深黄、明亮，口感甘爽、滋味醇厚，在品饮时应该仔细品味一下它独具的纯正松烟香，给人一种飘飘欲仙的感觉。

安化天尖黑茶很耐泡，茶叶叶大而厚实，叶片不易碎，可泡10—15泡。所以在品饮时，第一泡一般不饮用，只用来温润品茗杯，从第二泡开始品饮。

虽然天尖黑茶味道纯正、耐泡实惠，但冲泡的次数也不宜过多。一般当你泡10—15泡再品饮时，就会感觉茶气十足，滋味甘润醇厚，并从喉咙开始有涩味。